高等学校实验课系列规划教材

电气控制与PLC实验教程

DIANQI KONGZHI YU PLC SHIYAN JIAOCHENG

EXPERIMENTATION

● 主 编 海 涛

● 副主编 黄清宝 肖根福 陈雪云
　　　　 易泽仁 赵晚昭 陈柏轩

● 参 编 陈永鉴 沈飞宇 江宏华
　　　　 海蓝天 陆代泽 邓樟波
　　　　 朱浩亮 曹岩炳 幸 敏

U0379478

重庆大学出版社

内容提要

本书实验内容分为三大部分,即电气控制、PLC 和力控组态软件。电气控制模块实验部分,包括低压电器元件与基本电气控制认知、异步电动机的正反转控制等 7 个实验;PLC 实验部分,包括体验 PLC 程序开发软件、控制十字路口交通信号灯、小车定点呼叫 PLC 控制等 20 个实验;力控组态软件实验部分,包括力控组态软件初步、工程管理器、力控仿真工程入门及双容水箱液位控制界面开发等 4 个实验。书中大部分实验要求有实验者对实验数据及现象的填写项,增强了教与学的互动性;部分实验附有适量的思考题,有助于对实验内容的消化与掌握。本书最后附有 6 个实验报告,利于对实验内容的综合考查。

本书可以作为自动化及相关专业本科生和研究生实验教材,也可供相关工程技术人员参考。

图书在版编目(CIP)数据

电气控制与 PLC 实验教程 / 海涛主编. -- 重庆:重庆大学出版社,2020.1
高等学校实验课系列教材
ISBN 978-7-5689-1839-8

Ⅰ.①电… Ⅱ.①海… Ⅲ.①电气控制—实验—高等学校—教材②PLC 技术—实验—高等学校—教材
Ⅳ.①TM571.2-33②TM571.61-33

中国版本图书馆 CIP 数据核字(2019)第 226483 号

电气控制与 PLC 实验教程

主　编　海　涛
副主编　黄清宝　肖根福　陈雪云
　　　　易泽仁　赵晚昭　陈柏轩
责任编辑:曾显跃　　版式设计:曾显跃
责任校对:王　倩　　责任印制:张　策
*
重庆大学出版社出版发行
出版人:饶帮华
社址:重庆市沙坪坝区大学城西路 21 号
邮编:401331
电话:(023)88617190　88617185(中小学)
传真:(023)88617186　88617166
网址:http://www.cqup.com.cn
邮箱:fxk@cqup.com.cn(营销中心)
全国新华书店经销
重庆华林天美印务有限公司印刷
*
开本:787mm×1092mm　1/16　印张:8.75　字数:227千
2020 年 1 月第 1 版　　2020 年 1 月第 1 次印刷
印数:1—3 000
ISBN 978-7-5689-1839-8　定价:25.00 元

前　言

电气控制与 PLC 是综合了电气控制、计算机控制技术、自动控制技术和通信技术的一门应用十分广泛的技术。组态软件是来完成数据采集和过程控制的专用软件,它以计算机为基础工具,连接各种仪表和设备,为数据采集,过程监控,生产流程等操作提供了基础平台和开发环境。两者相辅相成,且相关软件的开发环境可互相结合。

本书分为电气控制、PLC 和力控组态软件三大部分。其主要内容包括:电气控制模块实验、PLC 程序开发软件应用及主要功能模块实验、PLC 综合应用模块实验、PLC 选做部分模块实验和力控组态软件及力控图形开发实验等。

本书内容实用、典型和简洁,主要有以下几个特点:

(1)容易开发。PLC 使用由西门子公司开发的 STEP 7-Micro/WIN32 软件工具包,是基于 Windows 操作系统,专门用于 SIMATIC S7-200 系列可编程控制器的程序开发的一个应用软件,它能完成程序编辑、调试、运行等操作。力控组态软件以三维力控 ForceControl V7.1 的组态软件为开发环境,具有丰富的图形处理能力。

(2)实用性强。PLC 实验部分力求通过以上实验使电气工程学科学生对电气控制基本线路、典型电气控制线路、可编程控制器实际应用线路与梯形图设计有深入的了解和掌握,提高学生举一反三的能力。力控组态软件实验部分从实用的角度出发,由浅入深,循序渐进地展示了从组态软件安装到完成一个简单的组态工程的组态过程。可自学,与组态软件相关教材结合使用相辅相成效果更佳。

(3)配合课程设计,方便教学。本书充分考虑到课程特点,适应电气工程学科及其相关专业学生的教学大纲要求,便于实际的课堂教学和实验教学。实验内容与课堂教学安排相结合,尽可能做到深入浅出、通俗易懂。

建议实验内容要求学生独立完成,做好提前预习与实验心得总结等步骤。

书中凡带用星号"＊"的部分为重点内容,必须关注和认真完成。

1

本书由广西大学硕士生导师、教授级高级工程师海涛担任主编,广西大学黄清宝、陈雪云、易泽仁、陈柏轩,广西大学行健文理学院赵晚昭和井冈山大学肖根福担任副主编。广西大学陈永鉴、沈飞宇、江宏华、海蓝天、陆代泽、邓樟波,南宁学院朱浩亮、兰州石化职业技术学院曹岩炳以及广西水利电力职业技术学院幸敏等参编。对本书作出贡献的还有岑慧琦、吴明泽、黄薪达、李俊杰、时雨、刘振语等。

由于编者水平有限,书中难免存在一些缺点和错误,希望广大读者批评指正。作者电子邮箱:haitao5913@163.com。

编　者
2019 年 8 月

目 录

第 1 章
电气控制模块实验

实验 1.1　低压电器元件与基本电气控制认知实验

1.1.1　实验目的

①了解常用低压元件的结构、原理、符号和作用,熟悉低压元件性能。

②通过对三相异步电动机点动控制和自锁控制线路的实际安装接线,掌握由电气原理图变换成安装接线图的知识。

③通过实验进一步加深理解点动控制和自锁控制的特点。

1.1.2　实验设备及电器元件

三相鼠笼异步电动机、接触器、时间继电器、热继电器、按钮、熔断器和断路器等。

1.1.3　实验方法

(1)常用低压元件的识别

根据电器元件实物,了解常用低压元件的结构原理,正确写出电器元件的名称、型号、符号和作用,填写表1.1。

表 1.1　常用低压元件名称符号及功能

名　称	文字符号	图形符号			作　用
		线圈/其他	常开触点	常闭触点	
接触器					
熔断器					
热继电器					
断路器					

续表

名 称	文字符号	图形符号			作 用
		线圈/其他	常开触点	常闭触点	
控制按钮					
三相笼型异步电动机					

（2）三相异步电动机点动控制线路

按图 1.1 接线。接线时，先接主电路，它是从 220 V 三相交流电源的输出端 U、V、W 开始，经三刀开关 Q_1、熔断器 FU_1、FU_2、FU_3、接触器 KM_1 主触点到电动机 M 的三个线端 A、B、C 的电路，用导线按顺序串联起来。主电路经检查无误后，再接控制电路，从熔断器 FU_4 开始，经按钮 SB_1 常开、接触器 KM_1 线圈。检查无误后通电实验，其步骤如下：

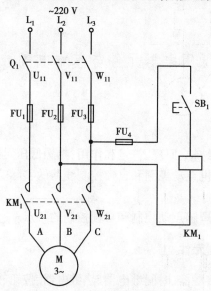

图 1.1　点动控制线路

①按下控制屏上"开"按钮。

②先合上 Q_1，接通三相交流 220 V 电源。

③按下启动按钮 SB_1，对电动机 M 进行点动操作，比较按下 SB_1 和松开 SB_1 时电动机 M 的运转情况。

（3）三相异步电动机自锁控制线路

按下控制屏上的"关"按钮，以切断三相交流电源。按图 1.2 接线，检查无误后启动电源进行实验，其步骤如下：

①合上开关 Q_1，接通三相交流 220 V 电源。

②按下启动按钮 SB_2，松手后观察电动机 M 运转情况。

③按下停止按钮 SB_1，松手后观察电动机 M 运转情况。

（4）三相异步电动机既可点动又可自锁控制线路

按下控制屏上"关"按钮，以切断三相交流电源，按图 1.3 接线，检查无误后通电实验，其步骤如下：

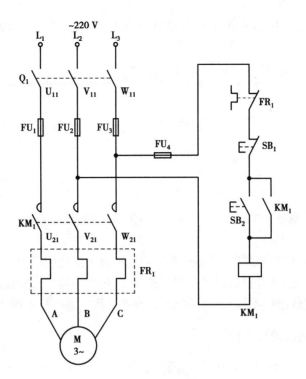

图 1.2　自锁控制线路

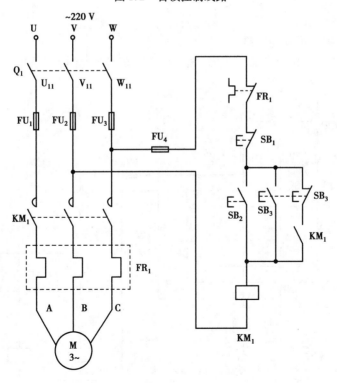

图 1.3　可点动又可自锁控制线路

①合上 Q_1 接通三相交流 220 V 电源。

②按下启动按钮 SB_2,松手后观察电动机 M 是否继续运转。

③运转 30 s 后按下 SB_3，然后松开，电动机 M 是否停转；连续按下和松开 SB_3，观察此时属于什么控制状态。

④按下停止按钮 SB_1，松手后观察 M 是否停转。

实验 1.2　异步电动机的正反转控制实验

1.2.1　实验目的

①通过对三相异步电动机正反转控制线路的接线，掌握由电路原理图接成实际操作电路的方法。

②掌握电气自锁、联锁的原理；掌握三相异步电动机正反转的原理和方法。

③掌握手动控制正反转控制、接触器联锁正反转、按钮联锁正反转控制以及按钮和接触器双重联锁正反转控制线路的不同接法，并熟悉在操作过程中有哪些不同之处。

1.2.2　实验设备及电器元件

电源、三相鼠笼异步电动机、接触器、时间继电器、热继电器、按钮、熔断器、断路器和导线等。

1.2.3　实验方法

(1)接触器联锁正反转控制线路

①按下"关"按钮，以切断交流电源。按图 1.4 接线，经检查无误后按下"开"按钮，通电实验。

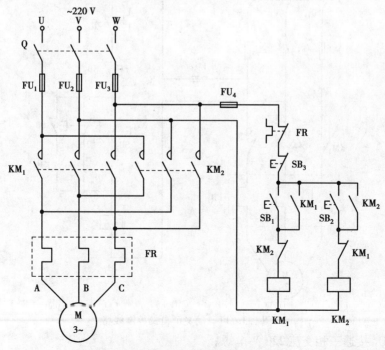

图 1.4　接触器联锁正反转控制线路

②合上电源开关 Q_1,接通 220 V 三相交流电源。

③按下 SB_1,观察并记录电动机 M 的转向、接触器自锁和联锁触点的吸断情况。

④按下 SB_3,观察并记录电动机 M 运转状态、接触器各触点的合断情况。

⑤再按下 SB_2,观察并记录电动机 M 的转向、接触器自锁和联锁触点的合断情况。

(2)按钮联锁正反转控制线路

①按下"关"按钮,以切断交流电源,按图 1.5 接线,经检查无误后按下"开"按钮,通电实验。

②合上电源开关 Q_1,接通 220 V 三相交流电源。

③按下 SB_1,观察并记录电动机 M 的转向、各触点的合断情况。

④按下 SB_3,观察并记录电动机 M 的转向、各触点的合断情况。

⑤按下 SB_2,观察并记录电动机 M 的转向、各触点的合断情况。

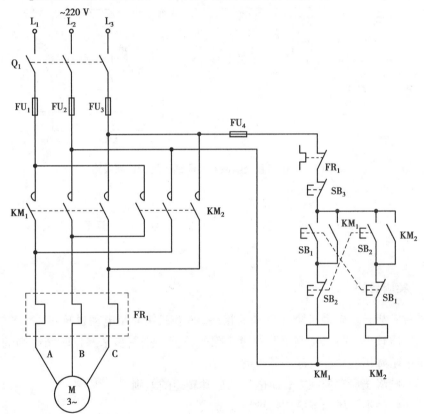

图 1.5　按钮联锁正反转控制线路

(3)按钮和接触器双重联锁正反转控制线路

①按下"关"按钮,以切断三相交流电源,按图 1.6 接线,经检查无误后按下"开"按钮,通电实验。

②合上电源开关 Q_1,接通 220 V 交流电源。

③按下 SB_1,观察并记录电动机 M 的转向、各触点的合断情况。

④按下 SB_2,观察并记录电动机 M 的转向、各触点的合断情况。

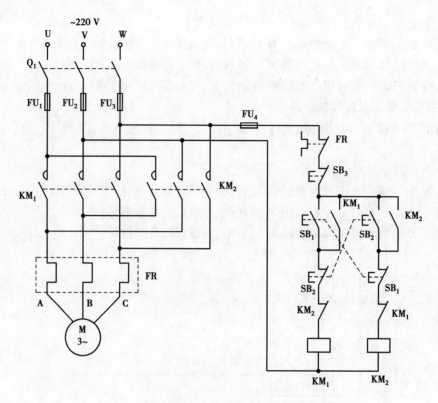

图 1.6   按钮和接触器双重联锁正反转控制线路

实验 1.3   异步电动机星-三角降压启动控制实验

1.3.1   实验目的

①通过对三相异步电动机降压启动的接线,熟悉三相异步电动机星-三角(Y-△)降压控制电路的工作原理、接线方法、调试及故障排除的技能。进一步掌握按时间原则的星-三角降压启动及串电阻降压启动在机床控制中的应用。

②了解不同降压启动控制方式时电流和启动转矩的差别。

③掌握在各种不同场合下应用何种启动方式。

1.3.2   实验设备及电器元件

电源、三相鼠笼异步电动机、接触器、时间继电器、热继电器、按钮、熔断器、断路器、导线和交流电流表等。

1.3.3   实验方法

(1)接触器控制 Y-△降压启动控制线路(手动控制)

关断电源后,按图 1.7 接线,检查无误后通电实验,其步骤如下:

①启动控制屏,合上 Q_1,接通 220 V 交流电源。

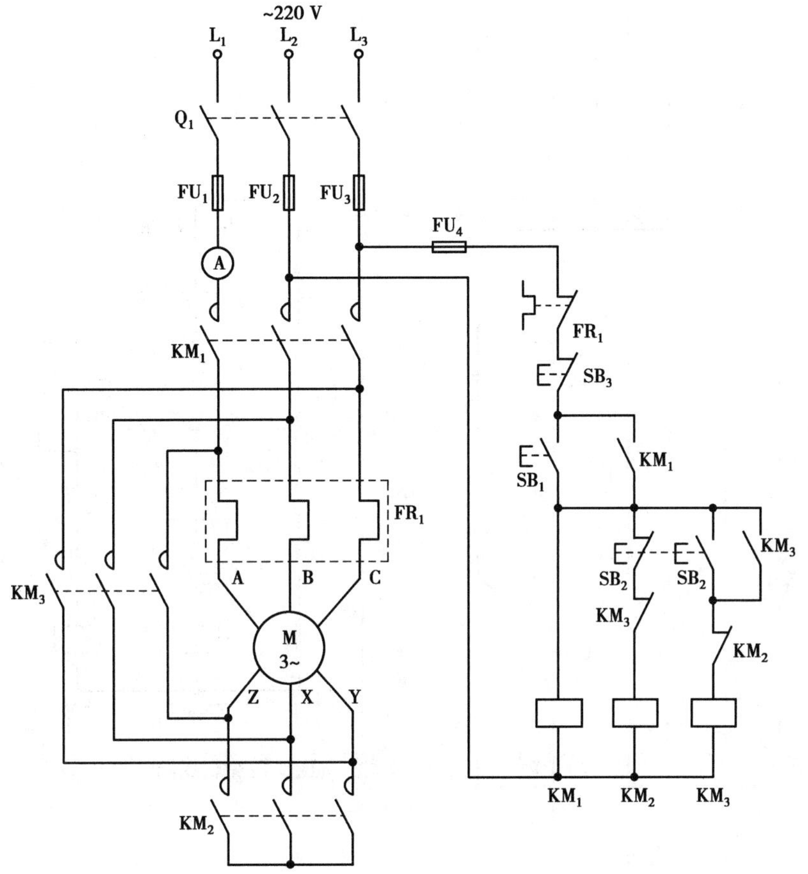

图 1.7 接触器控制 Y-△降压启动控制线路

②按下 SB_1,电动机作 Y 接法启动,注意观察启动时电流表最大读数 $I_{Y启动}=$ ___ A。

③按下 SB_2,使电动机按△接法正常运行,注意观察运行时电流表读数为 $I_{△运行}=$ ___ A。

④按 SB_3 停止后,先按下 SB_2,再同时按下启动按钮 SB_1,观察电动机在△接法直接启动时电流表最大读数 $I_{△启动}=$ ___ A。

⑤比较 $I_{Y启动}/I_{△启动}=$ ___ A,结果说明什么问题?

(2)按时间原则控制 Y-△降压启动控制线路

按时间原则控制电路的特点是各个动作之间有一定的时间间隔,使用的元件主要是时间继电器。时间继电器是一种延时动作的继电器,它从接收信号(如线圈带电)到执行动作(如触点动作)具有一定的时间间隔。此时间间隔可按需要预先整定,以协调和控制生产机械的各种动作。

关断电源后,按图 1.8 接线。

①合上 Q_1,接通 220 V 三相交流电源。

②按下 SB_1,电动机作 Y 接法启动,观察并记录电动机运行情况和交流电流表读数。

③经过一定时间延时,电动机按△接法正常运行后,观察并记录电动机运行情况和交流电流表读数。

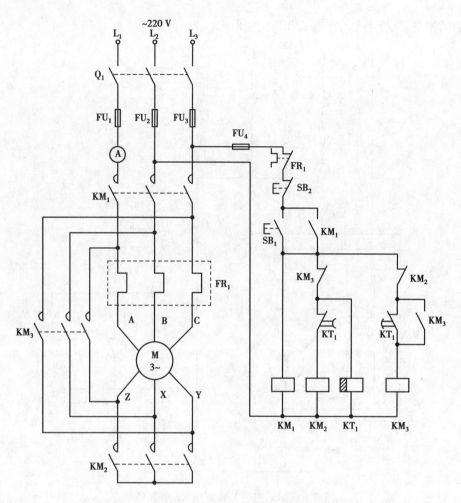

图 1.8　时间继电器控制 Y-△降压启动控制线路

④按下 SB_2,电动机 M 停止运转。

(3)时间继电器控制串电阻降压启动控制线路

关闭电源,按图 1.9 接线,检查无误后通电实验,其步骤如下:

①合上 Q_1,接通 220 V 三相交流电源。

②按下 SB_2,KM_1 吸合,电动机串电阻 R 启动,观察并记录电机运行情况和交流电流表读数。

③经过一定时间延时,KM_2 吸合 KM_1 断开,电动机正常运行后,观察并记录电动机运行情况和交流电流表读数。

④按下 SB_1,电动机 M 停止运转。

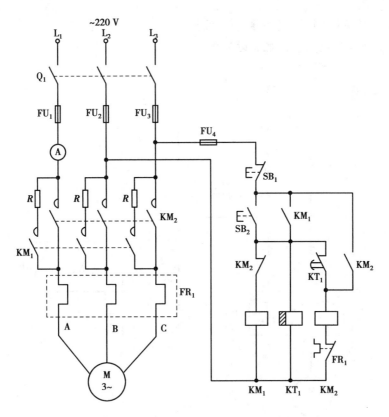

图 1.9　时间继电器控制串电阻降压启动控制线路

实验 1.4　异步电动机多点启动、停止控制实验

1.4.1　实验目的

①设计三相异步电动机多点启动、停止控制电路,熟悉其工作原理、接线方法、调试及故障排除的技能。

②掌握两地控制的特点,使学生对机床控制中两地控制有感性的认识。

③通过对此实验的接线,掌握两地控制在机床控制中的应用场合。

1.4.2　实验设备及电器元件

电源、三相鼠笼异步电动机、接触器、热继电器、按钮、熔断器、断路器和导线等。

1.4.3　实验方法

在确保断电情况下,按图 1.10 接线,检查无误后通电实验,其步骤如下:

①按下屏上的启动按钮,合上开关 Q_1,接通 220 V 三相交流电源。

②按下 SB_2,观察电动机及接触器运行状况。

③按下 SB_1,观察电动机及接触器运行状况。

④按下 SB_4 ,观察电动机及接触器运行状况。

⑤按下 SB_3 ,观察电动机及接触器运行状况。

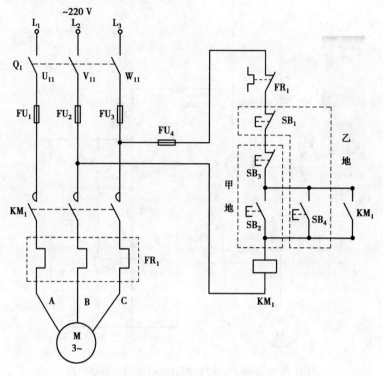

图 1.10　两地控制线路

实验 1.5　三相异步电动机能耗制动及反接实验

1.5.1　实验目的

①设计三相异步电动机能耗制动、反接制动主电路和控制控制电路,熟悉其工作原理、接线方法、调试及故障排除的技能。

②掌握能耗制动、反接制动的特点。

③通过对此实验的接线,掌握能耗制动、反接制动的应用场合。

1.5.2　实验设备及电器元件

常用低压电器:开关电器、主令电器、接触器、继电器(中间继电器、速度继电器、时间继电器)等。

1.5.3　实验方法

(1)电动机的制动原理

能耗制动和反接制动是三相异步电动机常用的方法,能耗制动的工作原理如图1.11所示,电源反接制动的工作原理如图1.12所示。

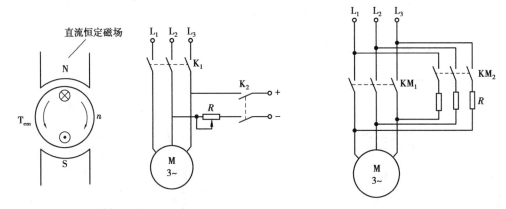

图1.11　能耗制动原理图　　　　　　　　图1.12　电源反接制动原理图

(2)速度继电器符号、外形及结构原理

速度继电器符号如图1.13所示,其外形及结构原理图如图1.14所示。

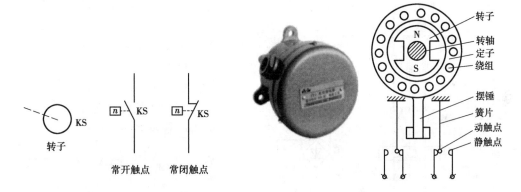

图1.13　速度继电器符号　　　　　　　图1.14　速度继电器外形及结构原理图

(3)能耗制动控制电路分析

①时间原则能耗制动线路如图1.15所示。

②速度原则能耗制动控制线路如图1.16所示。

1.5.4　实验步骤

①按电气原理图接线,经检查无误后通电实验。

②操作启动按钮和停止按钮,观察电动机制动情况。

③调节整流输出电压,观察制动效果。

④调节滑线变阻器 R 的阻值,观察制动效果。

注意:实验中出现不正常现象时,应断开电源,分析故障原因,排除后方可再通电试验。

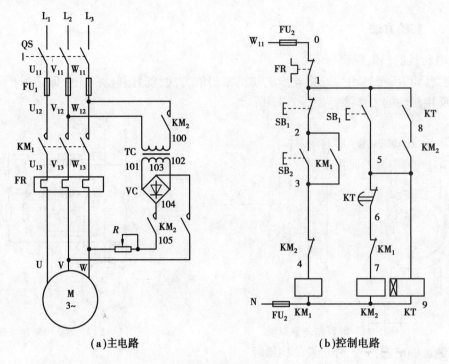

(a)主电路   (b)控制电路

图 1.15　时间原则能耗制动控制电路

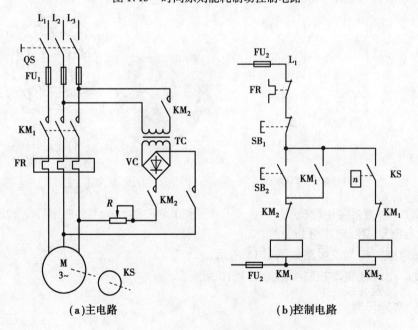

(a)主电路   (b)控制电路

图 1.16　速度原则能耗制动控制电路

实验1.6 三相异步电动机顺序控制实验

1.6.1 实验目的

①掌握多台电动机顺序启动、停止的控制方法。
②设计多种不同的顺序控制电路。

1.6.2 动作要求与实验线路

有两台三相异步电动机 M_1 和 M_2 按顺序控制,其主电路和控制电路如图1.17所示,要求:启动时先 M_1 后 M_2,停止时先 M_2 后 M_1。

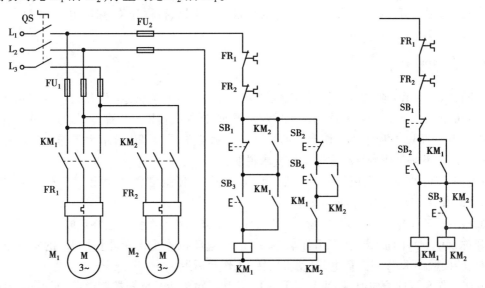

图1.17 三相异步电动机顺序控制电路

1.6.3 实验设备及电器元件

①三相异步电动机2台。
②常用低压电器:开关电器、主令电器、接触器、继电器、热继电器和熔断器等。
③电工工具及导线。

1.6.4 实验步骤

①检查各电器元件的质量情况,了解其使用方法。
②按电气原理图接线,经检查无误后通电实验。
③按先后顺序操作启动按钮 SB_3、SB_4 和停止按钮 SB_2、SB_1,观察电动机运行情况。
④随机操作启动按钮 SB_3、SB_4 和停止按钮 SB_2、SB_1,观察电动机运行情况。
注意:实验中出现不正常现象时,应断开电源,分析故障原因,排除后方可再通电试验。

实验 1.7　工作台往返自动控制实验

1.7.1　实验目的

①通过对工作台自动往返控制线路的实际安装接线,掌握由电气原理图变换成安装接线图的能力。

②通过实验进一步理解工作台往返自动控制的原理,行程开关的工作原理。

1.7.2　选用组件

①三相异步电动机 1 台。

②常用低压电器:开关电器、主令电器、接触器、继电器、行程开关、热继电器、熔断器等。

③电工工具及导线。

1.7.3　实验方法

①图 1.18 所示为限位开关符号,限位开关又称为位置开关(或行程开关),主要用于检测工作机械的位置。当运动部件达到一个预定位置时,操作机构则发出命令,以控制其运动方向或行程大小。图 1.19 所示为工作台自动往返运行示意图,图 1.20 所示为工作台自动往返控制线路图。以下是工作台自动往返工作要求说明:

a. 当工作台的挡块停在行程开关 SQ_1 和 SQ_2 之间的任意位置时,可以按下任一启动按钮 SB_2 和 SB_3 使工作台向任一方向运动。

b. 按下正转按钮 SB_2,电动机正转带动工作台左进。当工作台到达终点时,挡块压下终点行程开关 SQ_2,SQ_2 的常闭触点断开正转控制回路,电动机停止正转,同时 SQ_2 的常开触点闭合,使反转接触器 KM_2 线圈得电,电动机反转,工作台后退。

c. 当工作台退回原位时,挡块又压下 SQ_1,其常闭触头断开反转控制电路,常开触点闭合,使接触器 KM_1 得电,电动机带动工作台左进,实现了自动往复运动。

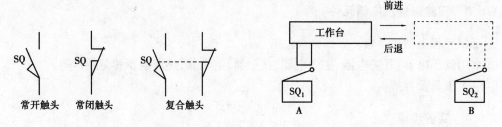

图 1.18　限位开关符号　　　　　　　图 1.19　工作台自动往复运行示意图

②按实验图 1.20 工作台自动往返控制线路图界限,经检查无误后按下列步骤操作。

a. 合上开关 QF,接通三相 220 V 电源。

b. 按 SB_2 按钮,使电动机正转,运转约 30 s。

c. 按 SQ_2 按钮(模拟工作台左进到达终点,挡块压下行程开关),观察电动机应停止正运转,并变为反转。

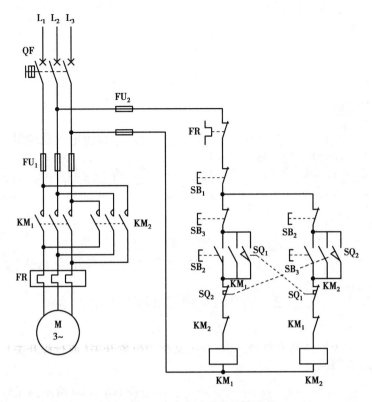

图 1.20　工作台自动往复控制线路

　　d. 反转约 30 s,按 SQ_1 按钮(模拟工作台退到达原位,挡块压下行程开关),观察电动机应停止反转并变为正转。

　　e. 重复上述步骤,实验接线应能正常工作。

　　f. 按下 SB_1 按钮,观察工作台是否停止工作。

第2章
PLC 程序开发软件应用及主要功能模块实验

实验2.1 体验 PLC 程序开发软件

2.1.1 PLC 资源描述

SIMATIC S7-200 系列可编程控制器是西门子公司开发的小型可编程控制器,它将电源、微处理器(CPU)和数字量输入/输出(I/O)单元这三个基本部件以紧凑的方式集中放置在一个机箱内,做成整体式。该系列 PLC 有五种类型的 CPU 单元供选择,CPU 类型不同其性能有所不同。表2.1 列出 CPU 单元的部分技术指标。

表2.1 SIMATIC S7-200 系列 CPU 单元技术指标

CPU 型号 技术指标	CPU221	CPU222	CPU224	CPU226	CPU226XM
程序存储区	2 048 B	2 048 B	4 096 B	4 096 B	8 192 B
数据存储区(EEPROM)	1 024 B	1 024 B	2 560 B	2560 字	5 120 B
输入电流	80 mA	85 mA	110 mA	150 mA	150 mA
最大负载电流	450 mA	500 mA	700 mA	1 050 mA	1 050 mA
本机数字量 I/O	6 入 / 4 出	8 入 / 6 出	14 入 / 10 出	24 入 / 16 出	24 入 / 16 出
通信口	1 个 RS-485	1 个 RS-485	1 个 RS-485	2 个 RS-485	2 个 RS-485
装备(超级电容)	50 h			190 h	
高速计数器 单相 双相	4 个 4 路 30 kHz 2 路 20 kHz			6 个 6 路 30 kHz 4 路 20 kHz	
模拟电位器	1 个 8 位分辨率			2 个 8 位分辨率	
实时时钟	配时钟卡			内置	

技术指标 \ CPU 型号	CPU221	CPU222	CPU224	CPU226	CPU226XM
允许最大扩展模块	0	2	7		
允许最大智能模块	0	2	7		
模拟量 I/O 映像区	无	32(16 入/16 出)	64(32 入/32 出)		
数字量 I/O 映像区	256(128 入 / 128 出)				
计时器	256 个,其中 4 个 1 ms 计时器,16 个 10 ms 计时器,236 个 100 ms 计时器				
计数器	256 个(由超级电容或电池备份)				

(1)输入/输出模块

当一台整机不能满足控制要求时,可通过扩展相关模块来达到控制要求。例如,扩展数字量模块,使本机能控制更多的按钮、开关、继电器等离散变化的物理量;扩展模拟量模块,使本机能对压力、位移、速度、电压、电流等连续变化的物理量进行控制;扩展智能模块,以实现高速计数、温度检测、PID 调节等专用控制功能。不同类型的 CPU 所能带扩展模块的数量也不一样,请参考相关的技术手册。

本实验选用 SIMATIC S7-200 系列的可编程序控制器,微处理器采用 CPU226,并扩展一块 EM235 模拟量混合输入/输出模块,其功耗为 19 W,共有 24 个数字量输入端、16 个数字量输出端、4 个模拟量输入通道、1 个模拟量输出通道。其工作电源为交流电 100 ~ 230 V,数字量输入端采用 24 V 直流输入,数字量输出端采用继电器输出。

CPU226PLC 的直流(DC)输入/继电器(AC/DC)输出单元接线如图 2.1 所示,它只能对开关量进行采样和控制,没有模拟量输入/输出通道。24 个输入端分为两个组,I0.0—I1.4 为一组,公共端为 1 M;I1.5—I1.7 为另一组,公共端为 2 M。输入端的 24 V 直流电源一般由外部提供,也可使用本机提供的 24 V 直流电源。16 个输出端分为三个组,Q0.0—Q0.3 为第一个组,公共端为 1 L;Q0.4—Q1.0 为第二个组,公共端为 2 L;Q1.1—Q1.7 为第三个组,公共端为 3 L,输出端每个公共端的额定电流为 2 A。由于输出端是继电器输出,所以响应速度较慢,切换时间约为 10 ms,可带直流负载和交流负载,驱动负载的电源由外部提供。

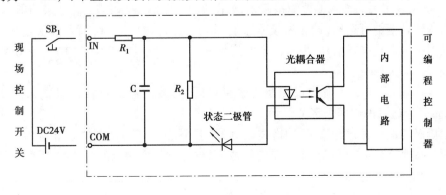

图 2.1　数字量模块直流输入电路原理图

数字量直流输入模块的输入电路原理如图 2.1 所示,输入端子与可编程控制器的内部电路没有直接的电气连接,外部信号通过光耦合器变成内部电路能接收的标准电信号。现场控制开关闭合时,外加的直流电源使光耦合器的光电二极管导通,进而使光耦合器的光敏三极管导通,这样可编程控制器就采样到了现场开关闭合的状态,并将这一采样结果存入输入映像寄存器。在现场开关闭合的同时,该输入端子的状态二极管被点亮,对应的输入影像寄存器为"1";当现场开关断开,该输入端子的状态二极管便熄灭,对应的输入影像寄存器为"0"。通过监控状态二极管的亮灭,便可知现场开关是通还是断。数字量继电器输出模块输出端的电路原理如图 2.2 所示。它既可以交流输出,也可以直流输出。当用户程序控制输出端的某个继电器线圈通电时,该继电器的触点闭合,使负载回路接通,对应被控设备动作。同时,该输出端子的状态二极管导通。因此,当程序使某个输出端子工作时,该端子的状态二极管就被点亮。通过观察状态二极管的接通与断开,也可以监控 PLC 输出端子的工作状态。继电器作为功率放大的开关器件,同时又是电气隔离的器件,为了消除继电器触点的火花,并联了阻容(RC)消弧电路。在继电器触点两端,并联金属氧化膜压敏电阻,当加在两端的交流电压低于 150 V 时,其阻值很大,可视为开路;当加在两端的交流电压等于 150 V 时,压敏电阻开始导通,随着电压的增加,其导通程度也在增加,使电平被钳位,从而保护继电器触点。

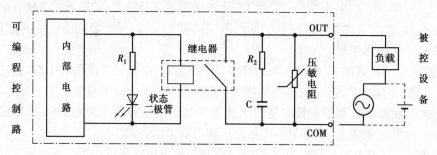

图 2.2　数字量模块继电器输出电路原理图

模拟量混合输入／输出模块 EM235,接线如图 2.3 所示。模块有四个模拟量输入通道(A、B、C、D),一个模拟量输出通道(既可以电压输出,也可以电流输出)。其工作电源为 24 V 直流电,可直接利用 PLC 的电源模块提供的 24 V 直流电,也可以由外部提供。模数转换的时间小于 250 μs,分辨率为 12 位。若输入端接收的是电压信号,则只需要连接两个端子,如图 2.3 中的 A + 和 A −;若输入端接收的是电流信号,则需要连接三个端子,如图 2.3 中的 RB、B + 和 B −;没有用到的输入端要短接起来,如图 2.3 中的 C + 和 C −。当采用电压输入时,有多种电压输入范围可选择(请参考技术手册);当采用电流输入时,输入范围是 0 ~ 20 mA,输出的模拟量可以是电压信号,也可以是电流信号。电压输出的范围: − 10 ~ + 10 V,电流输出的范围:0 ~ 20 mA。

对于输入端,采样到的模拟量转换为数字量后,其数值存放在模拟量输入映像寄存器(AI)中,每一个通道占用两个字节单元。

采用单极性输入时,数据存放的格式如图 2.4 所示。第 0 到第 2 位固定为"0";第 3 到第 14 位是数字量的 12 位数值,第 15 位是符号位,固定为"0",它表示的是一个正数,其满量程范围:0 ~ 32 000。

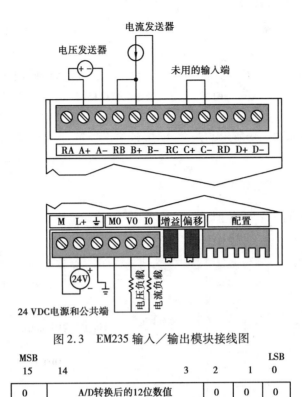

图 2.3　EM235 输入／输出模块接线图

MSB					LSB
15	14		3	2	1	0
0	A/D转换后的12位数值		0	0	0

图 2.4　单极性数据存放格式

采用双极性输入时,数据存放的格式如图 2.5 所示。第 0 到第 3 位固定为"0";第 4 到第 15 位为数字量的 12 位数值,其中第 15 位又是符号位,"0"表示正数,"1"表示负数,其满量程范围: - 32 000 ~ +32 000。

MSB					LSB
15		4	3	2	1	0
A/D转换后的12位数值		0	0	0	0

图 2.5　双极性数据存放格式

对于输出端,经过程序分析处理后的数字量存放在模拟量输出映像寄存器(AQ)中,占用两个字节单元,需要通过模拟量输出模块来将该数字量转换成模拟量。

采用电流信号输出时,其数字量的数值存放的格式如图 2.6 所示,第 0 到第 2 位固定为"0";第 3 到第 14 位是 D/A 转换前的数字量的 12 位数值;第 15 位是符号位,固定为"0",它表示的是一个正数,其满量程范围:0 ~ 32 000。

MSB					LSB
15	14		3	2	1	0
0	D/A转换前的12位数值		0	0	0

图 2.6　电流输出的数据格式

采用电压信号输出时,其数字量的数值存放的格式如图 2.7 所示,第 0 到第 3 位固定为"0";第 4 到第 15 位是 D/A 转换前的数字量的 12 位数值,其中第 15 位是符号位,"0"表示正数,"1"表示负数,其满量程范围: - 32 000 ~ +32 000。

图 2.7　电压输出的数据格式

EM235 模块输入端电路原理如图 2.8 所示,有四个模拟量输入通道(A、B、C、D)。EM235 模块输出端电路原理如图 2.9 所示,有一个模拟量输出通道,可以用电流信号输出,也可以用电压信号输出。

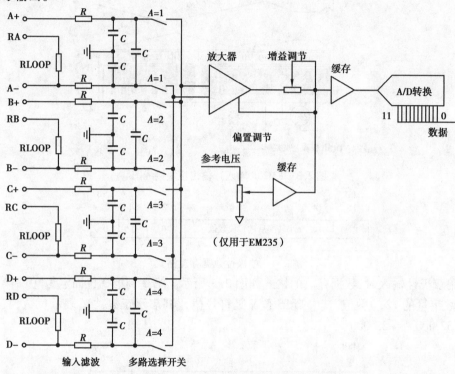

图 2.8　EM235 模块输入端电路原理图

(2)可编程控制器的工作方式

可编程控制器采用循环扫描的工作方式,任务循环执行一次称为一个扫描周期。在一个扫描周期内,PLC 进行下面五个阶段的操作,如图 2.10 所示。

1)输入采样

每次扫描周期开始,PLC 进入输入采样阶段,首先读取数字量输入端的当前状态,并将各输入端的状态存储到输入映像寄存器中,CPU 以字节的方式来保留输入映像寄存器,没有使用到的端子(位)被置为"0"。输入映像寄存器的内容一直保持到下一个扫描周期的输入采样阶段,才会被重新刷新。

2)执行程序

在程序执行阶段,CPU 原则上是从左到右、从上到下对程序进行逐条扫描执行,在程序执行过程中,CPU 分别向输入映像寄存器和输出映像寄存器索取所需数据进行"运算",然后将程序执行结果写入输出映像寄存器中保存,运算结果要在整个程序执行完毕以后才会被送到输出端口。

20

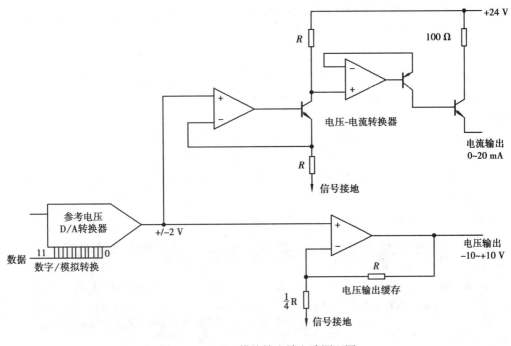

图 2.9　EM235 模块输出端电路原理图

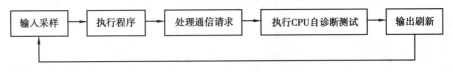

图 2.10　PLC 循环扫描的五个阶段

3）处理通信请求

在处理通信阶段,CPU 对从通信端口或者智能 I/O 模块接收到的信息进行处理。

4）执行 CPU 自诊断测试

在自诊断测试阶段,S7-200 检测 CPU 的操作、存储区(仅在 RUN 模式下)以及扩展模块的状态是否正常。

5）输出刷新

在扫描周期的最后阶段进行输出刷新,CPU 将输出映像寄存器的内容送到输出锁存器,去驱动负载。

PLC 执行程序时用到的状态值不是直接从实际端子获得,而是取自输入映像寄存器和输出映像寄存器。输入映像寄存器的状态值,取决于上一个扫描周期从输入端读取的状态,而且这一状态在程序执行阶段和输出刷新阶段保持不变,直到下一个扫描周期的输入采样阶段才刷新。输出映像寄存器的状态值,取决于本次扫描周期的程序的执行结果。输出锁存器的状态值,是在上一个扫描周期的输出刷新阶段,从输出映像寄存器获得的,输出端子的状态由输出锁存器决定。只有直接的输入/输出指令才允许对实际的输入/输出端子进行直接存取。

在一个扫描周期内,当 PLC 处于运行模式时,将全部完成上面五种操作。当 PLC 处于停止模式时,只是不执行程序。

（3）调用 STEP 7-Micro/WIN32 **程序开发软件**

由西门子公司开发的 STEP 7-Micro/WIN32 软件工具包,是基于 Windows 操作系统专门用于 SIMATIC S7-200 系列可编程控制器的程序开发的一个应用软件,它能完成程序编辑、调试、运行等操作。通过 PC/PPI 电缆将可编程控制器与计算机连接起来,建立两者之间的相互通信。

利用安装在计算机中的 STEP 7-Micro/WIN32 程序开发软件来编写、调试程序,并用该软件对程序进行编译,将编译好的程序下载到可编程控制器的程序存储区后,便可运行程序,该软件还能对正在运行的可编程控制器进行实时监控。

在桌面直接双击 V3.2 STEP 7-MicroWIN SP4 图标,或者单击桌面状态条的开始栏,选择 Simatic\STEP 7-MicroWIN 32 V3.2.1.29\STEP 7-MicroWIN 32 单击,便可启动程序开发软件。软件界面如图 2.11 所示,有操作栏、菜单条、指令树、工具条、指令按钮、程序编辑器、状态条、编译信息窗口等。

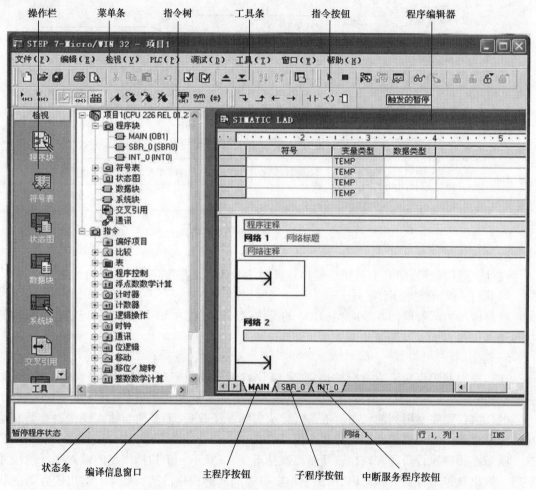

图 2.11　程序开发软件 STEP 7-Micro

①操作栏中的一组图标,为用户访问不同程序组件提供快捷方式。

②菜单条为用户提供该软件所能进行的程序编辑、调试、运行、实时监控等所有操作。

③工具条为用户提供快捷方式按钮,可完成菜单条中的程序编辑、编译,程序下载、上传,程序运行等常用操作。

④指令树显示所有程序组件与编程指令。双击组件名,即可进入该组件访问。编写程序时可直接将指令从指令树中拖到程序的相应位置,也可双击指令,使该指令插入程序的光标所在处。

⑤指令按钮将编程元素按照接点、线圈、盒指令分类,直观、清晰,方便程序员编程时选取所需指令。

⑥状态条实时反映用户当前进行的是哪一种操作。

⑦编译信息窗口的作用是,当用户程序编译时,显示编译的一些情况,比如程序有无语法错误、错误的出处、错误的代码、程序的大小等,它还显示下载或上载的一些信息,以及下载上载成功与否。

当一打开程序开发软件,首先进入的是主程序编辑器,不用点击任何按钮,便可直接编辑主程序。若要编辑子程序,点击子程序按钮 SBR_0 ,转换到子程序编辑器的视窗,编辑子程序。若要编辑中断程序,需点击中断程序按钮 INT_0 ,进入中断程序编辑器,编辑中断程序。编辑完子程序或中断程序后,点击主程序按钮 MAIN ,便可回到主程序编辑器视窗,编辑主程序。当有多个子程序要编辑时,可以右键点击子程序按钮,增加子程序编辑器的视窗。

2.1.2　创建用户程序

SIMATIC S7-200 系列可编程控制器有三种常用编程语言:梯形图(LAD)、语句表(STL)和功能块图(FBD)。通过菜单条的"检视"栏,选择需要的程序编辑器来编写程序。

梯形图(LAD)以图形的方式编辑程序,编程元素有触点、线圈和盒指令,与电气控制接线图十分相似,沿用了电气接线图中的触点、线圈、继电器、串并联等术语和符号,程序走向清晰、直观、易懂,非常适合工程技术人员使用,也易于初学者掌握。可使用 SIMATIC 和 IEC 1131-3 指令集,用梯形图程序编辑器编写的程序,可以在另外两种程序编辑器中完全显示出来。在本书的实验中,也以梯形图编程为主。

一个用户程序包含三个部分:主程序、子程序和中断服务程序,其中子程序和中断服务程序是可选的,由用户根据程序的需要决定取舍。

(1)编写新程序

打开程序开发软件后,屏幕右侧就有一个梯形图(LAD)程序编辑器,可以直接在该编辑器中输入程序。编程所需的触点、线圈、盒指令等元素,可以从指令树中选取(双击该指令到光标所在位置),也可在指令按钮中索要(找到该指令后,单击指令到光标所在位置)。当需要存盘时,单击工具条的 保存按钮,出现图 2.12 的对话框,程序统一存放到 D 盘或 E 盘,不要存放在 Projects 文件夹中,到"保存在"项目栏点击浏览按钮 ,寻找文件夹,打开此文件夹,在"文件名"项目栏中输入程序名字,然后点击"保存"按钮,便完成存盘操作。

(2)编辑旧程序

单击工具条的 打开按钮,屏幕出现类似于图 2.12 的对话框,在"查找范围"项目栏处点击浏览按钮,找到设置的文件夹,并打开该文件夹,单击程序名后,再点击"打开"按钮,原程序即刻显示在程序编辑器中,便可以对旧程序进行编辑、调试。

图 2.12　保存程序对话框

2.1.3　运行程序

程序运行前,首先对编辑好的程序进行编译,当编译通过后,再将编译好的程序下载到可编程控制器中,若下载成功,便可将可编程控制器置于运行模式,程序才能真正运行起来。

(1)编译用户程序

①选择菜单条的"PLC"栏,单击"编译"或全部编译选项。

②直接单击工具条的 ☑编译按钮或 ☑全部编译按钮。

这两种方法都可对程序块进行编辑,程序有无语法错误、错误的出处、错误的代码、程序的大小,均会在"编译信息窗口"中显示出来。

(2)下载程序

①选择菜单条的"文件"栏,单击"下载"项。

②直接单击工具条的 ≚下载按钮。

这两种方法都可使屏幕出现图 2.13 的对话框,点击"下载"按钮,程序便开始下载。下载完成后对话框自动消失,接下来便可以运行程序。

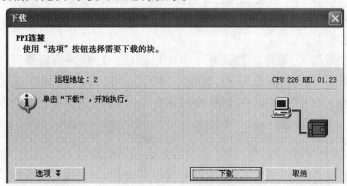

图 2.13　下载询问对话框

(3)"运行"模式

①选择菜单条的"PLC"栏,单击"运行"项。

②直接单击工具条的 ▶运行按钮。

这两种方法都可使屏幕出现图 2.14 的对话框,点击"是"按钮,即可将可编程控制器置于运行模式。

（4）"停止"模式

①选择菜单条的"PLC"栏，单击"停止"项。

②直接单击工具条的 ■ 停止按钮。

这两种方法都可使屏幕出现图2.15的对话框，点击"是"按钮，即可将可编程控制器置于停止模式。

图2.14 运行对话框

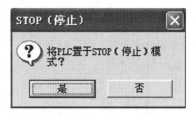

图2.15 停止对话框

2.1.4 实例

下面通过一个实验程序的接线、输入、调试、运行等实际操作，初步掌握 STEP 7-Micro/WIN32 程序开发软件的使用。在此主要介绍梯形图程序编辑器的使用和梯形图语言的编程方法，后面的实验程序全部采用梯形图语言来编写。

（1）实验目的

学用 STEP 7-Micro/WIN32 程序开发软件，掌握梯形图（LAD）程序编辑器的使用，掌握如何用程序开发软件来编写、调试、运行程序，掌握监控程序的方法，并对实验设备有一个初步的认识。

（2）实验仪器和设备

PLC 实验箱一套，计算机一台。

（3）实验内容

用可编程控制器控制实验箱中的 4 盏彩灯（FL_1、FL_2、FL_3、FL_4）的亮灭。其具体要求：首先点亮第一盏彩灯，其余彩灯熄灭；8 s 后，第一盏彩灯熄灭，第二盏彩灯被点亮，第三、第四盏彩灯仍然熄灭……四盏彩灯依次被点亮，每一时刻只允许亮一盏，每盏彩灯亮 8 s，当第四盏彩灯熄灭后，重新点亮第一盏彩灯，周而复始。四盏灯动作顺序见表2.2。

表2.2 彩灯点亮顺序表

启动开关闭合	1~8 s	第一盏灯亮，其余灯灭
	9~16 s	第二盏灯亮，第一、三、四盏灯灭
	17~24 s	第三盏灯亮，第一、二、四盏灯灭
	25~32 s	第四盏灯亮，第一、二、三盏灯灭
	33~40 s	第一盏灯重新被点亮，第二、三、四盏灯灭
停止开关闭合		四盏灯全部停止工作

（4）实验步骤

下面通过对一个程序的编写、输入、接线、运行等过程的操作，初步掌握用梯形图编写程序的方法与步骤,并掌握调试程序的一些基本方法。

1)分配可编程控制器的 I/O 端子

在编写程序前,需将 I/O 端子分配好,见表2.3。

表2.3 输入／输出端子分配

	可编程控制器端子	被控器件
输 入	I0.0	启动按钮
	I0.1	停止按钮
输 出	Q0.0	彩灯一
	Q0.1	彩灯二
	Q0.2	彩灯三
	Q0.3	彩灯四

2)画出接线图并接线

根据分配好的输入／输出端子来画接线图,如图2.16所示,并完成硬件接线。

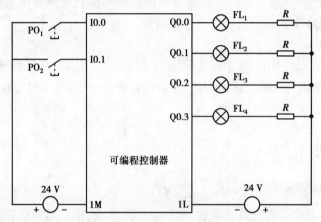

图2.16 四彩灯与 PLC 接线示意图

3)用梯形图编写程序

梯形图程序的编程元素(即使用的各类器件)有三大类:触点、线圈和盒指令。其编程规则是从左到右、自上而下地编写。梯形图最左端的竖线称为左母线,连接输入端,最右端的竖线称为右母线,连接输出端,西门子的梯形图已经把右母线省去不画。每一个逻辑行称为一个梯级,一个梯形图程序由多个逻辑行(即梯级)组成。其编程基本原则如下:

①每一个逻辑行,起于左母线,终于右母线。与左母线相连的一般是各触点,与右母线相连的一般是各类线圈或盒指令。

②各类触点可以按需要任意串联、并联,并且可以反复多次使用,所有开关量和模拟量的输入必须从可编程控制器的数字量模块或模拟量模块的输入端输入。

③线圈不能串联使用,只能并联起来用。在一个梯形图中,同一个编号的线圈一般只能出现一次,若使用两次以上,将会引起误动作,只有数字量模块或模拟量模块的输出端能够驱动负载。

④对于一个逻辑行,当多条支路并联时:对于输入端,串联触点多的支路写在上方,串联触

点少的支路写在下方;对于输出端正好相反,串联触点少的支路写在上方,串联触点多的支路写在下方。

　　按照以上编程原则,程序编写如图 2.17 所示。

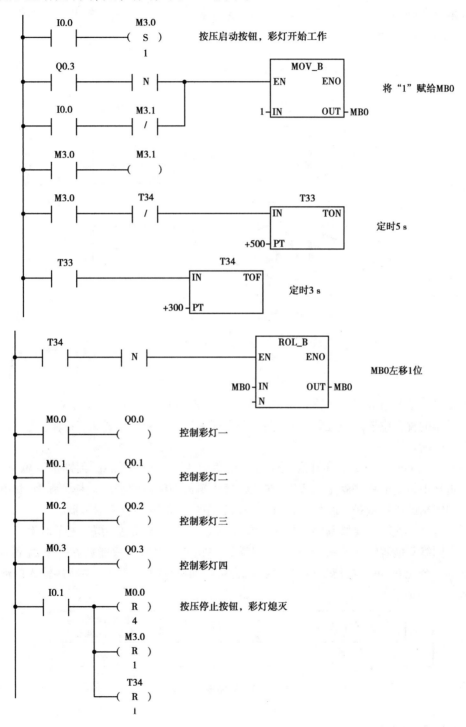

图 2.17　四彩灯控制实验编程梯形图

4）输入程序

在桌面找到 V3.2 STEP 7-MicroWIN SP4 图标并双击,便可打开程序开发软件。首先确定是否是梯形图(LAD)程序编辑器,然后再确定是否在主程序编辑器视窗中。如果是,便可直接输入主程序;如果不是,请按图 2.18 的流程来选择梯形图程序编辑器及主程序编辑器。记住,主程序必须在主程序编辑器的视窗中输入。

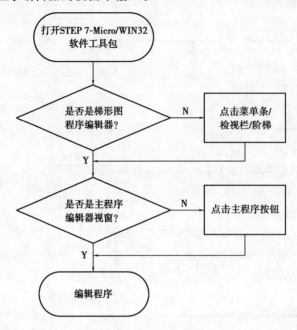

图 2.18　选择主程序编程器

子程序和中断服务程序的输入可以参照上面主程序的输入方法,不同的是,子程序要在子程序编辑器的视窗中输入,中断程序要在中断程序编辑器的视窗中输入,否则主程序将找不到子程序或中断程序。

STEP 7-Micro/WIN32 程序开发软件对主程序、子程序、中断程序的判别很简单,凡是在主程序编辑器中编辑的程序就是主程序,在子程序编辑器中编辑的程序就是子程序,在中断程序编辑器中编辑的程序就是中断程序,因此,输入程序一定要用对程序编辑器。

下面实际操作输入实验程序。按照编程规则输入程序,即先左后右,先上后下。程序编辑器的一个网络只能容纳一个梯级,一个梯级无论并联了多少行都只能放在一个网络中。程序中用到的指令元素,可以在指令按钮中找到,也可以到指令树中寻找。主程序输入的流程如图 2.19 所示。

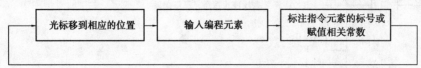

图 2.19　程序输入流程

①输入第一个梯级。将光标移动到"网络 1"的第一行第一列,以便输入第一个梯级的第一个指令元素"┤├"。

输入第一个指令元素,有两种方法:

a. 单击指令按钮 ┤├ ┤ ( ) 〕 的接点按钮,找到常开触点" ",再单击该常开触点。

b. 点击指令树的"位逻辑"项,双击"┤├",或将"┤├"拖到光标所在处,并标注该触点的编号,便完成第一个指令元素的输入。

输入第二个指令元素"┤ (S)├",同样有两种方法:

a. 单击指令按钮的线圈按钮,找到置位线圈"S",再单击该置位线圈。

b. 点击指令树的"位逻辑"项,双击"┤ (S)├",或将"┤ (S)├"拖到光标所在处,并标注该线圈的编号与需要置位的位数,到此第一个梯级输入完毕。

②输入第二个梯级。该梯级有两个自然行,先输入第一行,再输入第二行。输入第一行,将光标移到"网络 2"的第一行第一列。

第一行的第一个指令元素按照前面的方法输入即可,第二个指令元素"┤N├"有两种输入方法:

a. 单击指令按钮的接点按钮,找到"N"触点,再单击该触点。

b. 点击指令树的"位逻辑"项,双击"┤N├",或将"┤N├"指令拖到光标所在处。

输入第三个指令元素,也有两种方法:

a. 单击指令按钮的盒指令按钮,找到相关的盒指令"MOV_B",并单击它。

b. 点击指令树的"移动"项,双击"MOV_B",或拖动"MOV_B"到光标所在处,并将"IN"端置为"1",将"OUT"端置为"MB0",第一行输入完毕。

输入第二行,将光标移到"网络 2"第二行的第一列,按照前面的方法输入第二行的第一个指令。输入第二个指令元素也有两种方法:

a. 单击指令按钮的接点按钮,找到常闭触点"┤/├",再单击该触点。

b. 点击指令树的"位逻辑"项,双击"┤/├",或将"┤/├"拖到光标所在处,并标注该触点的编号。

第二行与第一行的连接可通过指令按钮的 ↳ ↰ ← → 这几个箭头来实现,上下箭头画上下直线,左右箭头画左右直线。

③输入第三个梯级。将光标移到"网络 3"的第一行第一列。第一个指令元素按照前面的方法输入,第二个指令元素有两种输入方法:

a. 单击指令按钮的线圈按钮,找到输出线圈"┤ ( )├",并单击该线圈。

b. 点击指令树的"位逻辑"项,双击"┤ ( )├",或将"┤ ( )├"拖到光标所在处,并标注该线圈的编号。

④输入第四个梯级。将光标移到"网络 4"的第一行第一列。按照前面的方法先输入第一个指令元素,然后再输入第二个指令元素。输入第三个指令元素——计时器,有两种方法:

a. 单击指令按钮的盒指令按钮,找到相关的盒指令"TON",并单击它。

b. 点击指令树的"计时器"项,双击"TON",或拖动"TON"到光标所在处,并标注该计时器的编号,在" PT "端赋给计时器设定值。

⑤输入第五个梯级。将光标移到"网络 5"的第一行第一列,第一个指令元素按照前面的方法输入即可,第二个指令元素有两种输入方法:

a. 单击指令按钮的盒指令按钮,找到相关的盒指令"TOF",并单击它。

b. 点击指令树的"计时器"项,双击"TOF",或拖动"TOF"到光标所在处,并标注该计时器的编号,在"PT"端赋给计时器设定值。

⑥输入第六个梯级。将光标移到"网络6"的第一行第一列,第一和第二个指令元素按前面的方法输入。第三个指令元素有两种输入方法:

a. 单击指令按钮的盒指令按钮,找到相关的盒指令"ROL_B",并单击它。

b. 点击指令树的"移位/旋转"项,双击"ROL_B",或拖动"ROL_B"到光标所在处,并将"IN"端和"OUT"端置为"MB0",给"N"端赋值"1"。

⑦第七到第十个梯级的输入,请读者按照前面的方法来输入。

⑧输入第十一个梯级。将光标移到"网络11"的第一行第一列,第一个指令元素按照前面的方法输入,第二个指令元素"-(R)-"有两种输入方法:

a. 单击指令按钮的线圈按钮,找到复位线圈 "R",再单击该复位线圈。

b. 点击指令树的"位逻辑"项,双击"-(R)-",或将"-(R)-"拖到光标所在处。标注该线圈的编号与需要复位的位数,并联的第二行到第四行指令元素按照前面的方法输入。

到此,整个程序输入完毕。将程序保存起来,不一定等程序输入完才存盘,在程序输入过程中可适当存盘。切记,一定要存到设置的文件夹中。单击工具条的 ⊞ 保存按钮,到"保存在"项目栏中点击浏览按钮,寻找设置的文件夹,打开此文件夹,在"文件名"项目栏中输入程序的名字,然后按"保存"按钮,便完成存盘操作。

5)编译与下载程序

编译用户程序有下面两种方法:

①选择菜单条的"PLC"栏,单击"编译"选项或"全部编译"选项。

②直接单击工具条的 ☑ 编译按钮或 ☑ 全部编译按钮。

对程序进行编译,程序有没有语法错误、错误出自哪一行、错误的代码以及程序有多大字节,均会在"编译信息窗口"中一一显示出来。如果显示有错误,必须要修改程序,否则将下载不了程序。如果显示无错误,便可将程序下载到可编程控制器中。

下载程序也有两种方法:

①选择菜单条的"文件"栏,单击"下载"选项。

②直接单击工具条的 ⊻ 下载按钮。

这两种方法都可使屏幕出现图2.13的对话框,点击"确认",程序开始下载,下载成功,然后便可以运行程序。

6)运行程序

首先将可编程控制器置于运行状态,有两种方法:

①选择菜单条的"PLC"栏,单击"运行"选项。

②直接单击工具条的 ▶ 运行按钮。

以上两种方法都可使屏幕出现图2.14的对话框,点击"是"按钮,即可将可编程控制器置于运行模式。此时去操作现场开关,彩灯被点亮,程序运行完毕后。请记住将可编程控制器置为停止模式,以便下一个程序的下载与运行。

当可编程控制器被置于"运行"状态时,其"RUN"指示灯亮(即绿灯亮);当可编程控制器退出"运行"状态时,其"STOP"指示灯亮(即橙色灯亮)。

*7）程序的监控和调试

对程序的运行进行监控,既方便程序设计者调试程序,帮助其尽快找出程序存在的问题,并完善程序;也方便程序的使用者检验其控制效果。

①置为"程序状态",可以直观地监控程序运行与器件的状态

在程序运行时,选择菜单条的"调试"栏,单击"程序状态"选项;或者单击工具条的 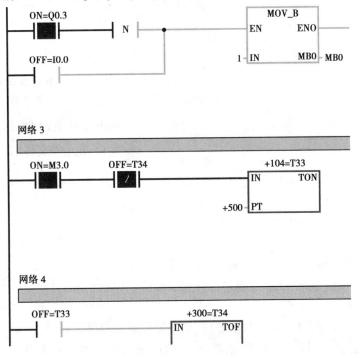程序状态按钮,便可以从程序编辑器中直观地在线监控程序的运行,如图2.20所示。程序运行时,接通的指令元素的颜色是蓝色的,断开的指令元素的颜色是灰色的。请用"程序状态"监控程序的运行,观察 T33、T34、Q0、Q1、Q2、Q3 的运行情况。

图2.20　用程序状态在编辑器中监控器件运行

②建立"状态图"监控程序运行与器件的状态

当程序较长、监控的器件较多时,用程序状态来观察器件的状态就不太方便,这时可利用"状态图"来对程序和器件进行监控。在程序运行时,选择菜单条的"调试"栏,单击"图状态"选项;或者单击工具条的 图状态按钮,在程序编辑器中即刻出现状态图表,然后将需监控的器件的地址逐一写入每一栏,并选择好恰当的数据格式,便能立即看到各器件当前的状态以及当前的数据,如图2.21所示。

如果计算机还未能与可编程控制器实现通信,而又想建立状态图,可以通过指令树的"状态图"选项来建立,待计算机与可编程控制器实现通信后,单击工具条的"图状态"按钮,启动图状态监控,便能对器件进行实时监控。如果不需要监控,再单击一次"图状态"按钮,便关闭监控。

如果监控的器件较多,可以直接用"插入"增加行数;也可以分类,分别建立几个状态图,右键点击"指令树"的"状态图"图标,选择"插入图"选项即可。

对于触点,一般只监控"位",即看它是接通还是断开;而对于计时器和存储器,则既可以

监控"位"(即看其触点是接通还是断开),也可以监控"字"(即看计时器或存储器的当前计数值或存储值)。

	地址	格式	当前值	新数值
1	I0.0	位	2#0	
2	M3.0	位	2#1	
3	I0.1	位	2#0	
4	T33	位	2#0	
5	T33	带符号	+0	
6	T34	位	2#1	
7	T34	不带符号	177	
8	MB0	不带符号 ▼	4	
9	Q0.0	位	2#0	
10	Q0.1	位	2#0	
11	Q0.2	位	2#1	
12	Q0.3	位	2#0	
13		带符号		
14		带符号		

图 2.21 用状态图监控程序运行

将前面的实验程序作如下改动:PLC 依次点亮 8 盏彩灯,每一次仅亮一盏彩灯,每盏彩灯亮 8 s,第 8 盏彩灯熄灭后重新点亮第一盏彩灯,周而复始;然后建立状态图,对 I0.0、I0.1、Q0.0、Q0.1、Q0.2、Q0.3、Q0.4、Q0.5、Q0.6、Q0.7、T33、T34 的"位"进行监控,同时还要对 T33、T34 的"不带符号数"进行监控。

硬件接线只需接输入端 I0.0 和 I0.1 两个端子,输出端不需要接线。监控时,将状态图的相应位与输入端和输出端的状态二极管对应起来观察。

③建立符号表

通过符号表的建立可以将生硬的地址编号用习惯的名字来代替,从而增加程序的可读性。在"指令树"中找到"符号表"并展开它,双击"USR1"便可建立符号表,如图 2.22 所示。

			符号	地址	注释
1			start	I0.0	启动
2			off	I0.1	停止
3					
4					
5					

图 2.22 建立符号表

将对地址编号的命名符号写入符号栏,该地址编号写在地址栏,在注释栏写上相应的注释,逐一填写完成后对程序进行编译,将看到图 2.23 中原来的 I0.0 和 I0.1 的地址编号已经被命名的符号所代替,如图 2.24 所示。如果符号表的行数不够,可以用右键单击符号表的任一行,选择插入行,便在被单击的那行之前增加一行,一定要退出监控状态后才能建立符号表。

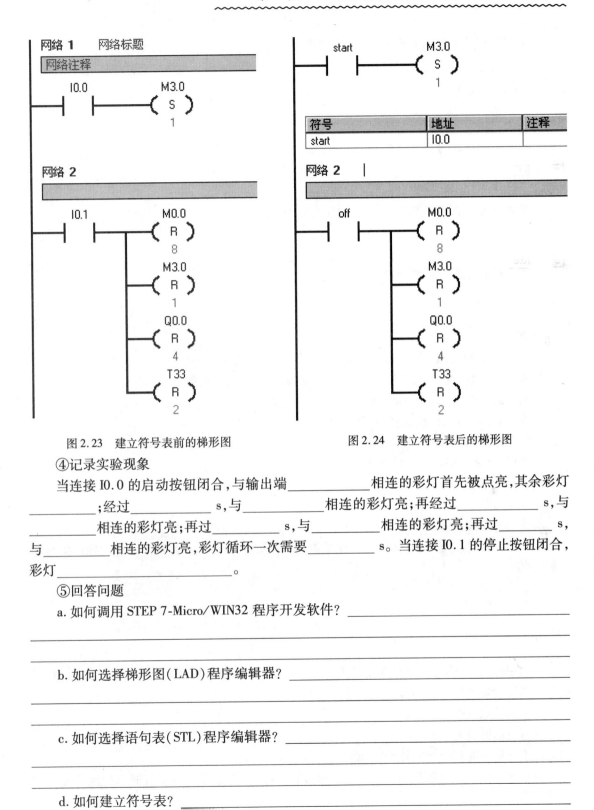

图 2.23 建立符号表前的梯形图   图 2.24 建立符号表后的梯形图

④记录实验现象

当连接 I0.0 的启动按钮闭合，与输出端_____相连的彩灯首先被点亮，其余彩灯
_____;经过_____ s,与_____相连的彩灯亮;再经过_____ s,与
_____相连的彩灯亮;再过_____ s,与_____相连的彩灯亮;再过_____ s,
与_____相连的彩灯亮,彩灯循环一次需要_____ s。当连接 I0.1 的停止按钮闭合,
彩灯_____。

⑤回答问题

a. 如何调用 STEP 7-Micro/WIN32 程序开发软件? _____
_____

b. 如何选择梯形图(LAD)程序编辑器? _____
_____

c. 如何选择语句表(STL)程序编辑器? _____
_____

d. 如何建立符号表? _____
_____
_____

e. 对程序进行监控有什么方法,如何实现? _____

_____

_____

f. 当点击工具条的"运行"按钮后,程序就立即运行吗? _____

_____

g. 现场各类控制开关只能与 PLC 的什么端子相连? _____

_____

h. PLC 的什么端子能够驱动负载? _____

_____

⑥实验要求

a. 每一次实验前,必须认真通读实验指导书,了解本次实验的内容。

b. 对于设计性、综合性的实验,必须在实验前做好实验方案,编写好程序。

c. 实验过程中,要胆大心细,勤于思考,独立完成。

d. 实验课后,请认真独立完成实验报告。

⑦实验报告要求

a. 班级、姓名、学号、实验的日期。

b. 实验的名称。

c. 实验目的。

d. 实验中记录的原始数据。

e. 写出实验分析与心得:你认为实验是否达到了要求? 实验中遇到了什么问题? 你是如何解决的?

实验 2.2 计时器实验

西门子 S7-200 系列可编程控制器共有 256 个计时器(T0～T255),以字母"T"表示,其后的数字为计时器的编号,计时器分为三种类型:

①延时接通计时器(TON);

②延时断开计时器(TOF);

③有记忆延时接通计时器(TONR)。

每一种类型的计时器又都有 1 ms、10 ms、100 ms 三种分辨率。各类计时器的编号及主要参数见表 2.4。

表 2.4　计时器的主要参数

计时器类型	分辨率/ms	计时器	计时范围/s
TONR	1	T0, T64	0 ~ 32.767
	10	T1 ~ T4, T65 ~ T68	0 ~ 327.67
	100	T5 ~ T31, T69 ~ T95	0 ~ 3276.7
TON TOF	1	T32, T96	0 ~ 32.767
	10	T33 ~ T36, T97 ~ T100	0 ~ 327.67
	100	T37 ~ T63, T101 ~ T255	0 ~ 3276.7

三种类型的计时器有其固定编号,不可混用。例如 T0 只能用于有记忆延时接通计时器(TONR),其分辨率为 1 ms;而 T37 既可用作延时接通计时器(TON),也可用作延时断开计时器(TOF),其分辨率为 100 ms。编程时,请注意区分使用。

在同一个程序里,同一个编号的计时器只能充当一种角色,即:不能将同一个编号的计时器既当作延时接通计时器(TON)用,又当作延时断开计时器(TOF)来用。

在 PLC 刚通电时,各类计时器的当前值均为"0"。

计时器实际的计时时间按下式计算:

$$计时时间 = 设定值 \times 分辨率$$

下面简单介绍这三类计时器的功能:

(1)延时接通计时器(TON)

一旦输入端(IN)接通,便开始计时,计时器当前值从"0"向设定值递增,在当前值等于或大于设定值(PT)后,计时器位被置为"1"。此时,其常开触点处于闭合状态,常闭触点处于断开状态。计时器计时达到设定值后,若输入端仍然接通,计时器将继续计时,直至达到最大值 3 276.7 s 为止。

对于延时接通计时器,一旦输入端断开,计时器便被复位,当前值便被置为"0",其常开触点断开,常闭触点闭合。

(2)延时断开计时器(TOF)

一旦输入端接通,计时器位立即被置为"1",同时该计时器的当前值被置为"0"。此时,其常开触点处于闭合状态,常闭触点处于断开状态。

当输入端从接通变为断开后,计时器开始计时,当前值从"0"向设定值递增,在当前值等于设定值时,计时器停止计时,当前值为设定值,其位被复位。此时,其常开触点断开,常闭触点闭合。因此,要启动延时断开计时器,必须在其输入端给一个由接通到断开的负跳变信号。

(3)有记忆延时接通计时器(TONR)

一旦输入端接通,便开始计时,计时器当前值从"0"向设定值递增,在当前值等于或大于设定值后,计时器位被置为"1"。此时,其常开触点处于闭合状态,常闭触点处于断开状态。

对于有记忆延时接通计时器,其计时未达到设定值时,无论何时断开其输入端,其当前状态与计时值均被保存。当输入端再次接通,计时器便从断开时保存下来的计时值开始继续计时,直至达到最大值 3 276.7 s 为止。

输入端断开不能使有记忆延时接通计时器复位,只有使用复位指令(R)才能使计时器复位并清除计时器的当前值。

2.2.1 实验目的

掌握西门子 S7-200 系列可编程控制器三种类型计时器的功能、特点及其使用方法,掌握计时器编号与类型的关系。

2.2.2 实验仪器和设备

PLC 实验箱一套、计算机一台。

2.2.3 实验内容

(1)第一小题实验

本小题实验包含三个小内容,验证三种计时器的功能。

输入梯形图,如图 2.25 所示。运行时,先接通与 I0.0 连接的开关,观察 T1 计时器的运行,并做好记录;再接通与 I0.1 连接的开关,观察 T32 计时器的运行,并做好记录;最后接通与 I0.2 连接的开关,观察 T96 计时器的运行,并做好记录,从而掌握三种类型计时器的功能及使用方法。

①有记忆延时接通计时器(TONR)的输入端,由 I0.0 控制。红灯反映计时器的状态,计时器被置为"1",红灯亮;计时器被复位,红灯灭。

②延时接通计时器(TON)的输入端,由 I0.1 控制。黄灯反映计时器的状态,计时器被置为"1",黄灯亮;计时器被复位,黄灯灭。

③延时断开计时器(TOF)的输入端,由 I0.2 控制。绿灯反映计时器的状态,计时器被置为"1",绿灯亮;计时器被置为"0",绿灯灭。

(2)第二小题实验

设计一段程序,用计时器控制 A、B 两盏彩灯闪烁,A 灯先亮。A 灯亮 4 s,B 灯亮 7 s,循环往复。用哪一种类型的计时器可以选择,要求程序的运行与停止要有按钮控制。

2.2.4 实验步骤

(1)第一小题实验

①首先分配可编程控制器的 I/O 端子,见表 2.5。

表 2.5 输入/输出端子分配

	可编程控制器端子	被控器件
输入端	I0.0	T1 的控制按钮
	I0.1	T32 的控制按钮
	I0.2	T86 的控制按钮
	I0.3	T1 的复位按钮
输出端	Q0.0	控制红灯
	Q0.1	控制黄灯
	Q0.2	控制绿灯

②根据分配的 I/O 端子画出接线图,完成硬件接线,如图 2.25 所示。

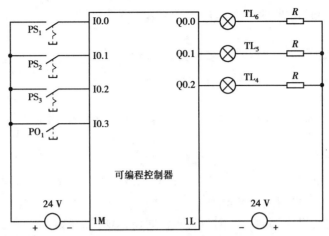

图 2.25　有记忆延时接通计时器实验接线图

③输入梯形图(见图 2.26),运行程序,并将观察到的现象记录下来。

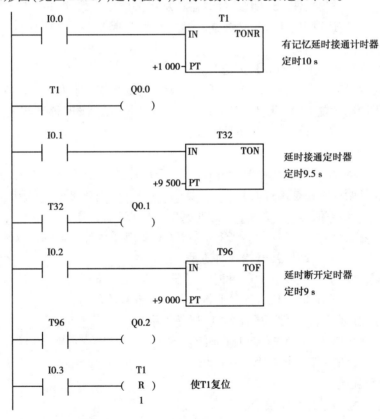

图 2.26　有记忆延时接通计时器实验梯形图

④记录实验现象,并按以下要求填写。

a. 当 PS₁ 闭合(I0.0 接通),有记忆延时接通计时器(TONR)的输入端(接通还是断开)_____,计时器(开始计时还是不计时)_____,计时器位(置为"1"还是复位)_____。当计时还未达到设定值(如第 5 s)时,断开 PS$_1$,此时计时器(计时还是不计时)_____,再次使 PS$_1$ 闭合,计时器将从什么地方开始计时?_____

_____。

当计时到达设定值后,计时器位(被置为"1"还是复位)_____,此时其常开触点(是断开还是闭合)_____,红灯(是亮还是灭)_____。如果 PS$_1$ 一直闭合,计时器将一直计时到最大值为止。

到达设定值后,若将 PS$_1$ 断开(I0.0 断开),计时器的输入端(接通还是断开)_____,计时器位(置为"1"还是复位)_____,计时器当前值是_____,此时其常开触点(断开还是闭合)_____,红灯(是亮还是灭)_____。

在 TONR 输入端(I0.0)断开的情况下,当 PO$_1$ 闭合(I0.3 接通),计时器位(置为"1"还是复位)_____,此时其当前值为_____。

b. 一旦 PS$_2$ 闭合(I0.1 接通),延时接通定计时器(TON)的输入端(接通还是断开)_____,计时器(开始计时还是未计时)_____,计时器位(置为"1"还是复位)_____。当计时还未达到设定值时(如第 4 s)断开 PS$_2$,此时计时器(计时还是不计时)_____;再次使 PS$_2$ 闭合,计时器将从什么地方开始计时?_____,到达设定值后,计时器位(被置为"1"还是复位)_____,此时其常开触点(是断开还是闭合)_____,黄灯(是亮还是灭)_____。如果 PS$_2$ 一直闭合,计时器将一直计时到最大值为止。

到达设定值后,若将 PS$_2$ 断开(I0.1 断开),计时器的输入端(是接通还是断开)_____,计时器位(置为"1"还是复位)_____,计时器当前值为_____,此时其常开触点(断开还是闭合)_____,黄灯(是亮还是灭)_____。

c. 一旦 PS$_3$ 闭合(I0.2 接通),延时断开计时器(TOF)的输入端(接通还是断开)_____,计时器(开始计时还是未计时)_____,计时器位(置为"1"还是复位)_____,当前值为_____,此时其常开触点(断开还是闭合)_____,绿灯(是亮还是灭)_____。当 PS$_3$ 断开(I0.2 断开),计时器的输入端(接通还是断开)_____,计时器(开始计时还是未计时)_____,当计时未达到设定值(如第 3 s)时再次闭合 PS$_3$,此时计时器(计时还是不计时)_____,当前值为_____;再次断开 PS$_3$,计时器将从什么地方开始计时?_____,到达设定值后,计时器位(置为"1"还是复位)_____,当前值为_____,此时其常开触点(断开还是闭合)_____,绿灯(是亮还是灭)_____。到达设定值后,计时器将停止计时。

(2)第二小题实验

①分配可编程控制器的 I/O 端子。

②画出实验接线图。

③编写实验程序。

④按照接线图接线。

⑤输入设计的程序,并对程序进行调试、运行。

⑥用实验报告纸记录程序。

2.2.5　回答问题

①一旦计时器的输入端被接通,延时接通计时器(TON)、延时断开计时器(TOF)和有记忆延时接通计时器(TONR)就开始计时吗? 这三类计时器的位在什么情况下被置为"1"?

_____

_____

_____

_____

②一旦计时器的输入端由接通变为断开,延时接通计时器(TON)、延时断开计时器(TOF)和有记忆延时接通计时器(TONR)就停止计时并被复位吗? 其当前值都为"0"吗?

_____

_____

_____

_____

③哪些编号的计时器可以作为有记忆延时接通计时器(TONR)来使用?

_____

_____

④哪些编号的计时器可以作为延时接通计时器(TON)来使用?

_____

_____

⑤哪些编号的计时器可以作为延时断开计时器(TOF)来使用?

_____

_____

⑥画出延时接通计时器(TON)、延时断开计时器(TOF)和有记忆延时接通计时器(TONR)的动作时序图。

2.2.6　实验报告要求

①班级、姓名、学号、实验日期。
②实验名称。
③实验目的。
④实验内容。
⑤实验仪器。
⑥写出 I/O 端子的分配表。
⑦画出实验接线图。
⑧记录实验程序。
⑨写出实验分析与心得:你认为实验是否达到了要求? 实验中遇到什么问题? 你是如何解决的?

实验2.3 计数器实验

西门子 S7-200 系列可编程控制器共有 256 个计数器,以字母"C"表示,其后的数字为计数器的编号,范围是 C0 ~ C255。计数器分为三种类型:①增计数器(CTU);②减计数器(CTD);③增/减计数器(CTUD)。

下面简要介绍这三类计数器的功能:

(1)增计数器(CTU)

输入端(CU)每来一个正脉冲(由 OFF 到 ON 的跳变)信号,计数器便加"1",从当前值递增计数(如果是第一个触发脉冲,则从"0"开始递增计数),可以一直加到计数器当前值等于最大值 32 767 为止。若计数器当前值等于或大于设定值(PV),该计数器被置为"1"。此时,其常开触点闭合,常闭触点断开。

一旦复位端(R)接通,计数器便被置为"0"(复位),此时,计数器当前值为"0",其常开触点断开,常闭触点闭合。

(2)减计数器(CTD)

输入端(CD)每来一个正脉冲(由 OFF 到 ON 的跳变)信号,计数器便减"1",从当前值递减计数(如果是第一个触发脉冲,则从设定值开始递减计数),一直减到计数器当前值等于"0"为止。当计数器当前值递减到"0"后,该计数器被置为"1"。此时,其常开触点闭合,常闭触点断开。

一旦装载输入端(LD)接通,计数器便被置为"0"。此时,当前值等于设定值,其常开触点断开,常闭触点闭合。减计数器没有复位端,只要装载输入端接通,计时器便被复位,同时将设定值装入当前值的寄存器。

(3)增/减计数器(CTUD)

输入端(CU)每来一个正脉冲(由 OFF 到 ON 的跳变)信号,计数器便加"1",从当前值递增计数,到达最大值后不会停止。而输入端(CD)每来一个正脉冲(由 OFF 到 ON 的跳变)信号,计数器便减"1",从当前值递减计数,当当前值小于设定值后,该计数器被复位;当递减到"0"时,不会停止计数,继续向负数递减。若计数器当前值等于或大于设定值(PV),该计数器便被置为"1"。此时,其常开触点闭合,常闭触点断开。

一旦复位端(R)接通,计数器便被置为"0"(复位),此时,计数器当前值也被置为"0",其常开触点断开,常闭触点闭合。

每一个计数器只有一个 16 位的当前值寄存器,在同一个程序中,同一个编号的计数器只能充当一种角色,即:某一计数器如果在程序中已被用作增计数器,那么在这个程序中该计数器就不能再以减计数器或增/减计数器出现。

2.3.1 实验目的

掌握西门子 S7-200 系列可编程控制器三种类型计数器的功能及其使用方法。

2.3.2　实验仪器和设备

PLC 及实验箱一套、计算机一台。

2.3.3　实验内容

通过以下三个内容的实验,对三种不同的计数器有初步的了解。

(1)计数器功能的验证实验

输入图 2.27 所给的梯形图,运行观察现象,回答问题,从而掌握三种类型计数器的功能及其使用方法。

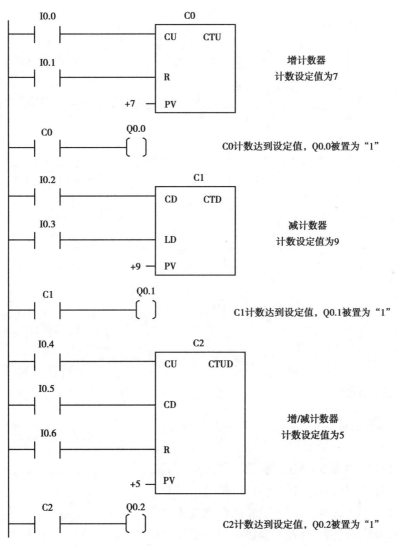

图 2.27　计数器功能实验梯形图

①增计数器 C0 输入端(CU)由 I0.0 控制,其复位端(R)由 I0.1 控制。当计数器计数到达设定值后,红灯(FL4)亮。

②减计数器 C1 输入端(CD)由 I0.3 控制,其装载输入端(LD)由 I0.4 控制。当计数器计

数到达设定值后,黄灯(PB02)亮。

③增/减计数器 C2 其(CU)输入端由 I0.5 控制,(CD)输入端由 I0.6 控制。当计数器计数到达设定值后,绿灯(PB05)亮。

(2)外部计数实验

利用实验箱的"仿真实验区"和"直线实验区"模仿产品装箱与传送的过程,由计数器对装箱的产品进行计数,每箱装 12 件,装满一箱,传送带运走一箱,然后再装下一箱,循环往复。程序如图 2.28 所示。

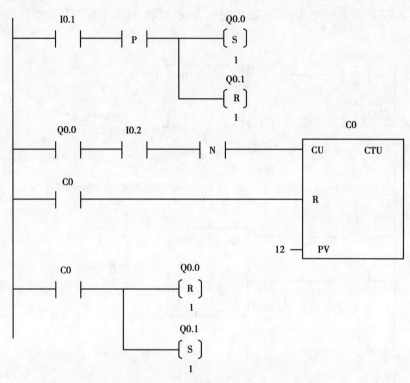

图 2.28　外部计数实验梯形图

2.3.4　实验步骤

(1)第一部分实验

1)接线

输入端:INPUT 00(I0.0)接实验箱的红色按钮 PS_1

　　　　INPUT 01(I0.1)接实验箱的黑色按钮 PO_1

　　　　INPUT 02(I0.2)接实验箱的红色按钮 PS_2

　　　　INPUT 03(I0.3)接实验箱的黑色按钮 PO_2

　　　　INPUT 04(I0.4)接实验箱的红色按钮 PS_3

　　　　INPUT 05(I0.5)接实验箱的红色按钮 PS_4

　　　　INPUT 06(I0.6)接实验箱的黑色按钮 PO_3

输出端:OUTPUT 00(Q0.0)接实验箱交通灯实验区的信号灯 TL_6

OUTPUT 01(Q0.1)接实验箱交通灯实验区的信号灯 TL_5

OUTPUT 02(Q0.2)接实验箱交通灯实验区的信号灯 TL_4

2)输入所给的梯形图,运行程序,观察现象。

①PS_1 按钮闭合,计数器C0(加"1"还是减"1") _____ ;PS_1 断开,C0 _____ ;在当前值等于 _____ 时,C0 被置位。此时,如果 CU 端继续来正脉冲,计数器 C0 会继续计数吗? _____ 。PO_1 按钮闭合,计数器 C0 会被 _____ ,此时当前值等于 _____ 。

②PS_2 按钮闭合,计数器C1(加"1"还是减"1") _____ ;PS_2 断开,C1 _____ ;在当前值等于 _____ 时,C1 被置位,此时如果 CD 端继续来正脉冲,计数器 C1 会继续计数? _____ 。PO_2 按钮闭合,计数器 C1 会被 _____ ,此时当前值等于 _____ 。

③PS_3 按钮闭合,计数器C2(加"1"还是减"1") _____ ;PS_3 断开,C2 _____ ;PS_4 按钮闭合,C2(加"1"还是减"1") _____ ;PS_4 断开,C2 _____ 。在当前值等于 _____ 时,计数器 C2 被置位。如果 C2 被置位后 CU 端继续来正脉冲,C2 还继续计数吗? _____ 。如果 C2 被置位后 CD 端继续来正脉冲,C2 也会继续计数吗? _____ ,一旦当前值小于设定值,计数器 C2 会怎样? _____ ,当当前值递减到"0"时,如果 CD 端继续来正脉冲,C2 会继续往下递减吗? _____ 。PO_1 按钮闭合,计数器 C0 会被 _____ ,当前值等于 _____ 。

(2)第二部分实验

1)接线

输入端:INPUT 00(I0.0)接实验箱仿真实验区的黑色按钮 PO_7

INPUT 01(I0.1)接实验箱仿真实验区的 KS_2 端子

INPUT 02(I0.2)接实验箱仿真实验区的 DJS_1 端子

输出端:OUTPUT 00(Q0.0)接实验箱仿真实验区的 DJTD 端子

OUTPUT 01(Q0.1)接实验箱仿真实验区的 SD_2 端子

实验区各个端子的作用:PO_7,启动按钮;KS_2,检测箱子空的传感器信号;DJS_1,对装箱的产品进行计数的传感器信号。DJTD = 1,启动装箱;SD_2 = 1,启动传送带。

2)输入所给的梯形图,运行程序,观察现象。

2.3.5　回答问题

①增计数器:当(CU)端来正脉冲信号时,它以何种方式计数? _____ ;当前值等于或大于设定值后,计数器呈何种状态? _____ 。当前值等于设定值后,当(CU)端继续来正脉冲信号时,计数器还计数吗? _____ 。复位端(R)接通,计数器被 _____ ,计数器当前值等于 _____ 。

②减计数器:当(CD)端来正脉冲信号时,它以何种方式计数? _____ ;当前值等于 _____ 时,计数器呈置位状态。当前值等于设定值后,当(CD)端继续来正脉冲信号时,计数器还计数吗? _____

复位端(R)接通,计数器被＿＿＿＿＿＿＿＿＿＿＿＿,计数器当前值等于＿＿＿＿＿＿＿＿。

③增/减计数器:当(CU)端来正脉冲信号,它以何种方式计数?＿＿＿＿＿＿＿＿＿＿;当(CD)端来正脉冲信号,它又以何种方式计数?＿＿＿＿＿＿＿＿＿＿＿＿＿＿;计数器在什么情况下被置位?＿＿＿＿＿＿＿＿＿＿＿＿＿＿＿＿。当计数器递减到"0"后,(CD)端又来正脉冲信号,该计数器会继续递减计数吗?＿＿＿＿＿＿＿＿＿＿＿＿＿。复位端(R)接通,计数器被＿＿＿＿＿＿＿＿＿＿＿＿＿,计数器当前值等于＿＿＿＿＿＿＿＿＿＿。

2.3.6　思考题

①简述计数器的用途。

②定时器与计数器的使用特点有何不同?

③能否用定时器实现计数器的功能? 请举例。

2.3.7　实验报告要求

①班级、姓名、学号、实验日期。

②实验名称。

③实验目的。

④实验内容。

⑤实验仪器。

⑥写出 I/O 端子的分配表。

⑦画出实验接线图。

⑧记录实验程序。

⑨写出实验分析与心得:你认为实验是否达到了要求? 实验中遇到了什么问题? 你是如何解决的?

第 **3** 章
PLC 综合应用模块实验

实验 3.1 控制十字路口交通信号灯实验

3.1.1 实验目的

自行设计实验方案,编写、调试程序,完成交通路口信号灯的控制,了解可编程控制器在实际生活中的应用。

3.1.2 实验仪器和设备

PLC 实验箱一套、计算机一台。

3.1.3 实验内容

设计一个简单的十字路口交通信号灯控制程序,本程序只管理直行车辆,左转与右转车辆暂不管理。设计要求:合上启动开关,首先允许车流量大的主干道通行,其绿灯亮 20 s;然后再允许车流量小的支干道通行,其绿灯亮 10 s,周而复始。为了让车辆和行人安全、方便地通行,每次改变通行方向之前,首先通行方向的绿灯要闪烁 3 s 后才能熄灭(每秒闪烁一次),绿灯熄灭后紧接着是黄灯亮 2 s,最后该方向才能转换成红灯亮;此时原来停止方向的红灯也才能转换成绿灯,改变通行方向。如图 3.1 所示,假设南北方向是主干道,东西方向是支干道,则信号灯动作顺序见表 3.1。

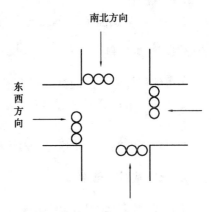

图 3.1 交通信号灯实验区示意图

表 3.1　交通信号灯控制顺序表

启动开关闭合	1～20 s	南北方向绿灯亮,东西方向红灯亮	南北方向通行,东西方向等待
	20～23 s	南北方向绿灯闪烁,东西方向红灯亮	
	23～25 s	南北方向黄灯亮,东西方向红灯亮	
	25～35 s	南北方向红灯亮,东西方向绿灯亮	南北方向等待,东西方向通行
	35～38 s	南北方向红灯亮,东西方向绿灯闪烁	
	38～40 s	南北方向红灯亮,东西方向黄灯亮	
	41 s 以后	每隔 40 s 重复一次上面 1～40 s 的操作,周而复始。如果南北方向绿灯与东西方向绿灯在同一时刻亮起来,需要故障报警。点亮报警灯,并熄灭南北方向与东西方向的绿灯,然后南北与东西方向的红灯闪烁 5 s 后熄灭	
停止开关闭合		交通信号灯停止工作	

3.1.4　实验步骤

利用实验箱的"交通灯实验区"来设计、调试、运行程序。

①分配 I/O 端子。

②画出接线图。

③编写交通灯控制程序。在编程前,最好先画出交通灯的时序图,然后再根据时序图来编写程序。

注:以上三项必须在实验课前完成。

④按照接线图接线。

实验箱"交通灯实验区"各端子的作用:

TL_1、TL_2、TL_3 控制东西方向信号灯。

TL_4、TL_5、TL_6 控制南北方向信号灯。

⑤输入程序。

⑥运行与调试程序,实现交通灯的控制。

3.1.5　思考题

①可编程控制器交通灯控制系统的特点是什么?

②本系统采用 PLC 的原因是什么? 除了使用可编程控制器完成交通灯的控制,你还知道哪些方法?

③PLC 工作的三个阶段是什么?

3.1.6　实验报告要求

①班级、姓名、学号、实验日期。

②实验名称。

③实验目的。

④实验内容。

⑤实验仪器。

⑥写出 I/O 端子的分配表。

⑦画出实验接线图。

⑧记录实验程序。

⑨写出实验分析与心得:你认为实验是否达到了要求? 实验中遇到了什么问题? 你是如何解决的?

实验 3.2　设计天车运行控制程序实验

3.2.1　实验目的

学会自行设计实验方案,自行编制程序,完成简单控制,了解可编程控制器在生产实践中的应用。

3.2.2　实验仪器和设备

PLC 实验箱一套、计算机一台、天车实验平台一套。

3.2.3　实验内容

设计程序控制天车将货物运送到目的地。其具体要求如下:

①当横向运行开关闭合,横向电动机启动运行,通过"向左""向右"两个控制按钮的操纵,使电磁铁横向运行到指定位置。天车的左右两端各有一个限位开关,当电磁铁横向运行到这个极限位置时,就不能再往前走,横向电动机必须反转。

②当纵向运行开关闭合,纵向电动机启动运行,通过"向上""向下"按钮的控制,使电磁铁纵向运行到指定位置。

③通过横向与纵向按钮的配合操作,使电磁铁运动到货物所在端,吸起货物,将其运送到目的地。

④实验室天车系统按照统一的位置摆放——接线的一端放在你的右手边。实验前必须了解每个天车系统端子的功能和对应的 I/O 端子,这有利于实验室现场接线,如表 3.2 所示。

表 3.2　天车系统端子功能表

合上横向电机运行启动按钮	当 TD1 = 1,横向电动机启动	ZF1 = 1,电动机向右移动,远离接线一端
		ZF1 = 0,电动机向左移动,接近接线一端
断开横向运行按钮	TD1 = 0	横向电动机停止运行
合上纵向电机运行启动按钮	当 TD2 = 1,纵向电动机启动	ZF2 = 1,电动机向下移动
		ZF2 = 0,电动机向上移动
断开纵向运行按钮	TD2 = 0	纵向电动机停止运行

天车接线端各端子的功能如下:

TD1:横向电动机启动控制端。TD1 - 1,电动机启动运行;TD1 = 0,电动机停止运行。

ZF1:横向电动机正反转控制端。ZF1 = 1,电动机远离接线端;ZF1 = 0,电动机接近接线端。

S1:远离接线端限位开关的感应信号。

S2:接线端限位开关的感应信号。

TD2:纵向电动机启动控制端。TD2 = 1,电动机启动运行;TD2 = 0,电动机停止运行。

ZF2:纵向电动机正反转控制端。ZF2 = 1,电动机向下移动;ZF2 = 0,电动机向上移动。

XH:电磁铁控制端。XH = 1,电磁铁通电;XH = 0,电磁铁断电。

COM:公共端。

GND:接地端。进行实验时,天车中的 COM 和 GND 两端必须连接到实验箱端子排的 GND 端。

3.2.4　实验步骤

①分配 I/O 端子。

②画出接线图。

③编写天车运行控制程序。

注:以上三项必须在实验课前完成。

④按照所画接线图接线。接好线后,自己应先认真检查一遍,然后再请老师检查。

⑤输入程序。

⑥调试程序,实现控制。

3.2.5　思考题

①天车的种类及主要参数有哪些?

②天车电动机常处的工作状态有哪些?

③举例说明可编程控制器在生产实践中的应用。

3.2.6　实验报告要求

①班级、姓名、学号、实验日期。

②实验名称。

③实验目的。

④实验内容。

⑤实验仪器。

⑥写出 I/O 端子的分配表。

⑦画出实验接线图。

⑧写出实验程序。

⑨写出实验分析与心得:你认为实验是否达到了要求? 实验中遇到了什么问题? 你是如何解决的?

实验 3.3　测量温度实验

温度、压力、流量等是一种连续变化的物理量,需要通过模拟量输入模块来读取,读取到的模拟量转换成 PLC 能接收的数字量信号,存放在模拟量输入映像寄存器(AI)中,以供程序运行时取用。转换后的数字量存放的格式可参考实验 2.1 中的图 2.5 和图 2.6,单极性格式中,低 3 位是"0"，相当于以"8"为基础单位，数值每变化一个单位，相当于被乘一次"8"；而双极性格式中，低 4 位是"0"，相当于以"16"为基础单位，数值每变化一个单位，相当于被乘一次"16"。

经过程序分析和处理后，PLC 输出的也只能是数字量，存放在模拟量输出映像寄存器（AQ）中，需要通过模拟量输出模块来将数字量转换成外部执行机构需要的电压或者电流信号，才能对温度、压力、流量等模拟量进行检测与控制。

模拟量输入映像寄存器的地址格式为：AIW［起始字节地址］，因为一个寄存器占用两个字节单元，所以起始字节地址均为偶数。S7-200CPU226PLC 的模拟量输入映像寄存器有效地址范围是 0 ~ 62，即地址为 AIW0、AIW2、AIW4、…、AIW60、AIW62，可以接收 32 路模拟量输入。

模拟量输出映像寄存器的地址格式为：AQW［起始字节地址］，因为一个寄存器占用两个字节单元，所以起始字节地址均为偶数。S7-200CPU226PLC 的模拟量输出映像寄存器有效地址范围是 0 ~ 30，即地址为 AQW0，AQW2，AQW4，…，AQW28，AQW30，可以有 16 路模拟量输出。

本实验箱使用的是 EM235 模拟量混合输入／输出模块，输入／输出端子的接线可参考实验 2.1 中的图 2.4，该模块有四个模拟量输入通道（A、B、C、D），每三个端子（如 RA、A +、A - ）组成一路模拟量输入通道，共有四路，四路模拟量通道的地址分别是 AIW0、AIW2、AIW4、AIW6。

当输入的是电流信号时，通道内的三个端子（RA、A +、A - ）都得连接，如果输入的是电压信号，则只用连接两个端子（A +、A - ），没有用到的输入通道必须短接。当采用电流输入时，输入范围是 0 ~ 20 mA；当采用电压输入时，有多种电压范围选择，请参考表 3.3 的量程与分辨率开关表。

EM235 右下脚的配置区域是用来确定输入的模拟量类型，即是电流信号还是电压信号以及电压信号的量程，还可以规定数据格式，采用单极性还是双极性。这些选择通过波动 DIP 开关来实现，具体如何选择可参考表 3.3。本实验由于是电流信号输入，所以选择开关已拨在 0 ~ 20 mA 的位置。

EM235 只有一个模拟量输出通道（VO 或 IO），既可以电压输出，也可以电流输出。电压输出范围为 - 10 ~ + 10 V，电流输出范围为 0 ~ 20 mA。模拟量输出通道的地址是 AQW0。

EM235 模块的工作电压为直流 24 V。可直接利用 PLC 的电源模块提供的 24 V 直流电，也可以由外部提供。模数转换的时间小于 250 μs，分辨率为 12 位。

表 3.3　EMS235 模块选择模拟量量程和分辨率的开关表

单极性						满量程输入	分辨率
SW1	SW2	SW3	SW4	SW5	SW6		
ON	OFF	OFF	ON	OFF	ON	0 ~ 50 mV	12.5 μV
OFF	ON	OFF	ON	OFF	ON	0 ~ 100 mV	25 μV
ON	OFF	OFF	OFF	ON	ON	0 ~ 500 mV	125 μV
OFF	ON	OFF	OFF	ON	ON	0 ~ 1 V	250 μV
ON	OFF	OFF	OFF	OFF	ON	0 ~ 5 V	1.25 mV
ON	OFF	OFF	OFF	OFF	ON	0　20 mV	5 μA
OFF	ON	OFF	OFF	OFF	ON	0 ~ 10 V	2.5 mV

续表

双极性						满量程输入	分辨率
SW1	SW2	SW3	SW4	SW5	SW6		
ON	OFF	OFF	ON	OFF	OFF	±25 mV	12.5 μV
OFF	ON	OFF	ON	OFF	OFF	±50 mV	25 μV
OFF	OFF	ON	ON	OFF	OFF	±100 mV	50 μV
ON	OFF	OFF	OFF	ON	OFF	±250 mV	125 μV
OFF	ON	OFF	OFF	ON	OFF	±500 mV	250 μV
OFF	OFF	ON	OFF	ON	OFF	±1 V	500 μV
ON	OFF	OFF	OFF	OFF	OFF	±2.5 V	1.25 mV
OFF	ON	OFF	OFF	OFF	OFF	±5 V	2.5 mV
OFF	OFF	ON	OFF	OFF	OFF	±10 V	5 mV

本实验采用的温度传感器是热电阻 Pt100,其电阻值随着温度的变化而变化。由于模拟量输入／输出模块 EM235 的输入端只接收电流信号或电压信号,所以通过温度变送器将温度的测量值转变为模拟量模块能接收的电流信号。PLC 从模拟量输入通道读入该测量值,并将其转化为数字量,存放在模拟量输入映像寄存器中,供程序运行时取用。

Pt100 热电阻的测量温度范围为 0～100 ℃,温度变送器的规格为 4～20 mA,先将 Pt100 的电阻值对应转变为 4～20 mA 的电流信号,通过模拟量输入／输出模块 EM235 的输入端存放到 PLC 的输入映像寄存器 AIW 中,从而获得所测量的温度值。

当检测的温度为 0 ℃时,温度变送器输出 4 mA 的电流,AIW 中存放的数字量是 6 400;当检测的温度是 100 ℃时,温度变送器输出 20 mA 的电流,AIW 中存放的数字量是 32 000。变送器电流与所测温度的关系曲线如图 3.2 所示,变送器电流与 PLC 中存放的数字量的关系曲线如图 3.3 所示。

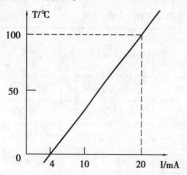

图 3.2 变送器电流与温度的关系

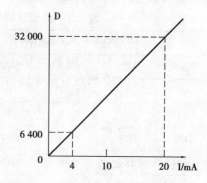

图 3.3 变送器电流与数字量的关系

PLC 与温度变送器以及 Pt100 的连接如图 3.4 所示。

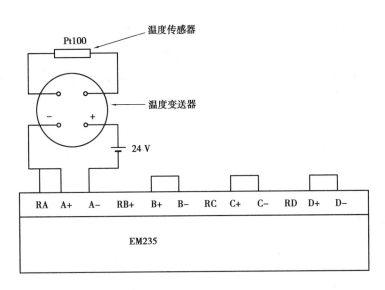

图 3.4　温度变送器与模拟模块的接线

3.3.1　实验目的

通过对温度的测量,掌握用模拟量模块测量连续变化的物理量。

3.3.2　实验仪器和设备

PLC 实验箱一套,计算机一台,温度传感器(Pt100)一个,温度变送器一个。

3.3.3　实验内容

本次实验有以下两部分内容:

①使用 Pt100 检测温度,从模块量模块 EM235 的 A 通道读入测量值,分别测量三个温度值(没有时间限制),并记录数据。要求自己编写程序,在程序监控状态下将测量到的温度以摄氏度直接显示出来,并将这个测量值与水银温度计的测量值进行比较,分析误差。

模拟模块已设置为单极性数据格式,量程选择开关已拨在 0 ~ 20 mA 的位置。温度传感器采用热电阻 Pt100,电流变送器的规格为 4 ~ 20 mA。

②保持原有的接线不变,定时监测三个点的温度。每隔 1 min 监测一个点,每一个点采样三次(每 5 ms 采样一次),取其平均值,将该平均值存放在变量存储器(V)中,同时将平均值转换成摄氏度形式,也存放在变量存储器(V)中,并且建立状态图,在程序运行时,从状态图观察温度的变化。

3.3.4　实验步骤

(1)第一部分实验

①首先推导出温度 t 与 PLC 读取的温度的数字量 D 之间的关系。

②分配 I/O 端子。

③接线。

④根据 t 与 D 的关系编写程序,采样温度。要求在程序监控状态下能够直接看到实际的温

度值(单位:℃),即程序通过相关的运算指令,将采样到的数字量直接显示。建议分别编写整数和实数的运算程序,观察 PLC 采样的温度与水银温度计显示的温度的差别。

⑤运行程序,观察水银温度计测出的水的温度与 PLC 读取的水的温度是否吻合。

⑥记录三个测量点的数据。

PLC 读取到的温度(数字量形式)			
温度的摄氏度形式值			
水银温度计的温度值			

(2)第二部分实验

①保持原有接线不改动。

②分配 I/O 端子。

③根据要求编写程序。

④运行程序。

⑤从程序状态图观察测量的数字量与温度值。

PLC 读取到的温度(数字量形式)			
温度的摄氏度形式			

3.3.5 实验报告要求

①班级、姓名、学号、实验日期。

②实验名称。

③实验目的。

④实验内容。

⑤实验仪器。

⑥写出 I/O 端子的分配表。

⑦画出实验接线图。

⑧写出实验程序。

⑨写出实验分析与心得:你认为实验是否达到了要求? 实验中遇到了什么问题? 你是如何解决的?

实验 3.4   电梯模型控制实验

3.4.1   实验目的

①熟悉 PLC 编程原理及方法。

②掌握电梯控制基本技巧。

③了解传感器原理及使用方法。

3.4.2　实验仪器和设备

PLC 实验箱一套、计算机一台、天车一台。

3.4.3　实验内容及方法

电梯模型示意图如图 3.5 所示。使用 PLC 数字量输入、输出控制电梯升降、电梯门的开关。将 PLC 实验箱与电梯模型按照以下方法链接：

INPUT 00 接 P0 电梯实验启动信号；

INPUT 01 接传感器输出 S3(第三层到达信号)；

INPUT 02 接传感器输出 S2(第二层到达信号)；

INPUT 03 接传感器输出 S1(第一层到达信号)；

INPUT 04 接(第三层请求下)按键 PB3 输出插孔 PG3；

INPUT 05 接(第二层请求上)按键 PB4 输出插孔 PG4；

INPUT 06 接(第二层请求下)按键 PB5 输出插孔 PG5；

INPUT 07 接(第一层请求上)按键 PB6 输出插孔 PG6；

INPUT 08 接(到第三层)电梯内部按键 3 输出插孔 PC3；

INPUT 09 接(到第二层)电梯内部按键 2 输出插孔 PC2；

INPUT 10 接(到第一层)电梯内部按键 1 输出插孔 PC1；

INPUT 11 接(开门信号)按键 7 输出插孔 PD1；

INPUT 12 接(关门信号)按键 8 输出插孔 PK1；

OUTPUT 00 接第三层到达指示灯 FL3；

OUTPUT 01 接第二层到达指示灯 FL2；

OUTPUT 02 接第一层到达指示灯 FL1；

OUTPUT 03 接 FMQ(蜂鸣器)(电梯开门)；

OUTPUT 04 接 LED 指示灯(电梯关门)；

OUTPUT 05 接电机通、断(电梯启、停)TD；

OUTPUT 06 接电机正、反(电梯升、降)ZF；

OUTPUT 07(接第三层请求下)指示灯 PB03；

OUTPUT 08(接第二层请求上)指示灯 PB04；

OUTPUT 09(接第一层请求下)指示灯 PB05；

OUTPUT 10(接第一层请求上)指示灯 PB06；

OUTPUT 11(接到第三层)指示灯 PC03；

OUTPUT 12(接到第二层)指示灯 PC02；

OUTPUT 13(接到第一层)指示灯 PC01。

如果用数码管显示到达第几层，分别将 0-2、014 输出端接到数码显示端子上：

OUTPUT 00 接数码显示端 1；

OUTPUT 01 接数码显示端 2；

OUTPUT 02 接数码显示端 4；

OUTPUT 014 接数码显示端 8。

3.4.4 电梯控制要求

（1）上行要求

①当电梯停于第一层或第二层、或第三层时，按 S4 按钮呼梯，则电梯上升至 FL4 停。

②当电梯停于第一层，按 S2 按钮呼梯，则电梯上升至 FL2 停；若按 S3 按钮呼梯，则电梯上升至 FL3 停。

③当电梯停于第一层，而 S2、S3 均有人呼梯时，电梯上升至 FL2 停留 5 s 后，继续上升至 FL3 停。

④当电梯停于第二层，若按 S3 按钮呼梯，则电梯上升至 FL3 停。

⑤当电梯停于第二层，而 S3、S4 均有人呼梯时，电梯上升至 FL3 停留 5 s 后，继续上升至 FL4 停。

⑥当电梯停于第一层，而 S2、S4 均有人呼梯时，电梯上升至 FL2 停留 5 s 后，继续上升至 FL4 停。

⑦当电梯停于第一层，而 S3、S4 均有人呼梯时，电梯上升至 FL3 停留 5 s 后，继续上升至 FL4 停。

⑧当电梯停于第一层，而 S2、S3、S4 均有人呼梯时，电梯上升至 FL2 停留 5 s 后，电梯继续上升至 FL3 停留 5 s 后，继续上升至 FL4 停。

（2）下行要求

①当电梯停于第四层或第二层、或第三层时，按 S1 按钮呼梯，则电梯下降至 FL1 停。

②当电梯停于第四层，按 S3 按钮呼梯，则电梯下降至 FL3 停；若按 S2 按钮呼梯，则电梯下降至 FL2 停。

③当电梯停于第四层，而 S2、S3 均有人呼梯时，电梯下降至 FL3 停留 5 s 后，继续下降至 FL2 停。

④当电梯停于第三层，若按 S2 按钮呼梯，则电梯下降至 FL2 停。

⑤当电梯停于第四层，而 S3、S1 均有人呼梯时，电梯下降至 FL3 停留 5 s 后，继续下降至 FL1 停。

⑥当电梯停于第四层，而 S1、S2、S3 均有人呼梯时，电梯下降至 FL3 停留 5 s 后，继续下降至 FL2 停留 5 s，然后继续下降至 FL1 停。

⑦当电梯停于第三层，而 S1、S2 均有人呼梯时，电梯下降至 FL2 停留 5 s 后，继续下降至 FL1 停。

⑧当电梯停于第二层，而 S1、S3、S4 均有人呼梯时，电梯先下降至 FL1 停留 5 s 后，电梯继续上升至 FL3 停留 5 s，继续上升至 FL4 停。

⑨当电梯停于第三层，而 S1、S2、S4 均有人呼梯时，电梯先下降至 FL1 停留 5 s 后，电梯继续上升至 FL2 停留 5 s，继续上升至 FL4 停。

注：选择方向与运行方向不一致时，呼叫无效，电梯内操作同上。

3.4.5 实验步骤

①分配 I/O 端子。

②画出接线图。

③编写天车运行控制程序。

注：以上三项必须在实验课前完成。

④按照接线图接线。

接到请求信号，电梯关门，停到相应的楼层，开门（开门时蜂鸣器响）。电梯模型接线如图3.5所示。

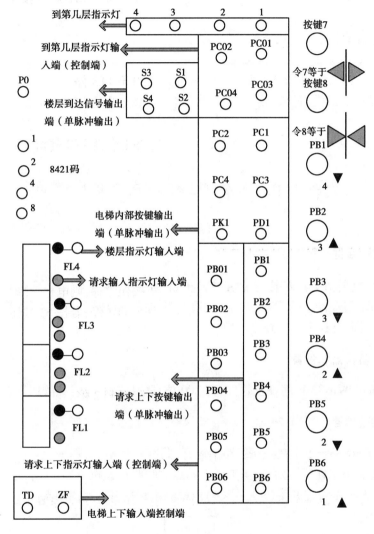

图3.5 电梯模型示意图

为了消除信号的抖动引起的误操作，可以对输入信号加去抖动处理。运行 PLC 程序，进入 Windows，运行 PLC 辅助程序，点击"电梯模型"图标，观察结果。

3.4.6 退出程序

将 PLC 运行、停止开关放至 STOP 位置，按 P08 键即可。

第 **4** 章
PLC 选做部分模块实验

实验 4.1　小车定点呼叫 PLC 控制实验

4.1.1　实验目的

独立设计往复运动实验方案,熟悉主令开关、行程开关、电动机正反转等工作原理,按要求设计 PLC 接线图、PLC 端子分配表、时序图,参考时序图编制梯形图,编制程序完成规定的控制,熟悉可编程控制器在生产实践中的应用。

4.1.2　实验仪器和设备

STEP 7-Micro/WIN32 程序开发软件、S7-200 仿真软件及小车定点呼叫系统一套。

4.1.3　实验内容

如图 4.1 所示,一辆小车在一条线路上运行,共有六个站点,每一个站点有一个呼叫按钮($SB_1 \sim SB_6$),无论小车在哪个站点,当某一个站点的呼叫按钮按下后,小车将自动运行到呼叫点,每个站点安装一个行程开关($SQ_1 \sim SQ_6$)以检测小车是否到达该站点。

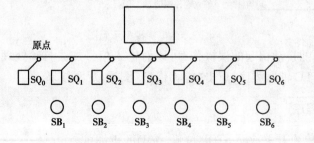

图 4.1　小车定点呼叫流程图

设计程序的控制要求：

①按下启动按钮，小车开始工作；按下停止按钮，小车停止工作。

②当呼叫按钮号与行程开关号相同时，按下启动按钮，小车停止不动。

③当呼叫按钮号大于行程开关号时，按下启动按钮，小车向右运行到呼叫按钮位置，小车停止运行。

④当呼叫按钮号小于行程开关号时，按下启动按钮，小车向左运行到呼叫按钮位置，小车停止运行。

⑤当小车碰到行程开关，小车停止运行。

4.1.4　实验步骤

(1)主电路的设计

由于小车定点呼叫装置在大型车间或小型车间都有可能用到，所以在这里分别设计了两种主电路，如图 4.2 所示。

图 4.2(a)中电源开关 QS 为隔离开关，用熔断器 FU 作为短路保护。电动机采用热继电器 FR 作为过载保护，电动机正反转由接触器 KM$_1$ 和 KM$_2$ 控制。

图 4.2(b)电源由 24 V 直流提供，电动机正反转由接触器 KM$_1$ 和 KM$_2$ 控制。

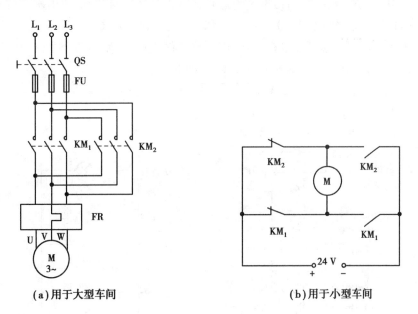

(a)用于大型车间　　　　　　　　　(b)用于小型车间

图 4.2　电机主电路

(2)可编程控制器 I/O 端子分配

可编程控制器 I/O 端子分配见表 4.1。

表 4.1　可编程控制器 I/O 端子分配

	可编程控制器端子	主令开关及被控器件
输　入		启动按钮 SB$_7$
		呼叫按钮 SB$_1$ ~ SB$_6$

续表

	可编程控制器端子	主令开关及被控器件
输　入		停止按钮 SB_8
		SQ_0
		SQ_1（站 1）~ SQ_6（站 6）
输　出	Q0.0	前进
	Q0.1	后退
	Q1.1 ~ Q1.6	站点 1~6 指示灯

(3) PLC 输入/输出接线设计

小车定点呼叫 PLC 输入/输出接线图如图 4.3 所示。

1) PLC 输入控制接线的设计

根据要求对小车定点呼叫的站点，使用了六个站点呼叫按钮 SB_1 ~ SB_6，分别对应的输入点为 I0.1 ~ I0.6；小车收到呼叫信号后到达并且停止在该呼叫站点，使用六个行程开关 SQ_1 ~ SQ_6 来判断小车到达呼叫站点，分别对应的输入点为 I1.1 ~ I1.6。

要求按下启动按钮后开始运行，按下停止按钮停止运行，使用两个按钮 SB_7 和 SB_8 分别用来控制运行和停止，分别对应的输入点是 I0.0 和 I0.7。

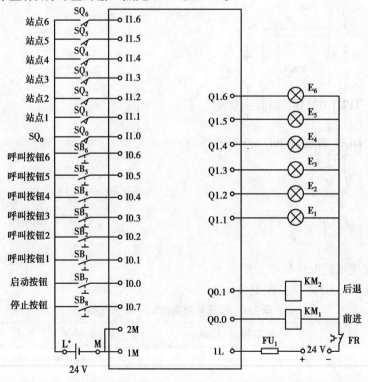

图 4.3　小车定点呼叫 PLC 输入/输出接线图

2) PLC 输出控制接线的设计

用输出点 Q0.0 控制电动机正转向前行驶,输出点 Q1.0 控制电动机反转向后行驶。

(4) 小车定点呼叫运行时序图

小车定点呼叫运行时序图如图 4.4 所示。

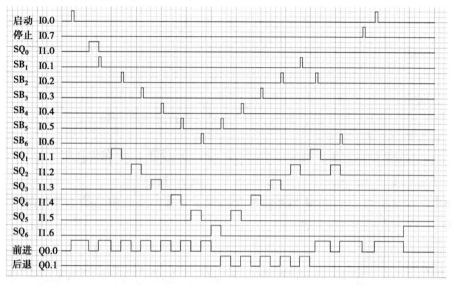

图 4.4　小车定点呼叫运行时序图

注:以上四项必须在实验课前完成。

(5) 操作面板设计

操作面板的设计如图 4.5 所示。

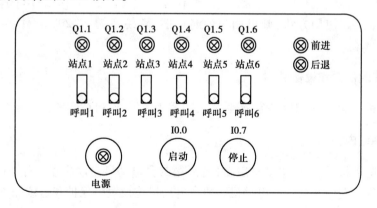

图 4.5　操作面板设计

4.1.5　思考题

①电动机正反转的工作原理是什么?若电路中不采取互锁会产生什么后果?

②行程开关的工作原理是什么?在本电路中作用是什么?

③在本电路中是否需要定时器和计数器?

④本实验 I/O 端子的分配原则是什么？请填写表 4.1 缺少的部分。

⑤时序图在编写梯形图中的作用是什么？判断图 4.4 是否正确？能否应用于编程？

⑥呼叫开关在本实验中起的作用是什么？它们之间是什么关系？

4.1.6 实验报告要求

①班级、姓名、学号、实验日期。

②实验名称。

③实验目的。

④实验内容。

⑤实验仪器。

⑥* 分析 PLC 的 I/O 端子的分配表，请对分配表进行完善和纠错。

⑦画出实验接线图。

⑧* 对已给出的时序图进行判断，如果有错，请分析说明错误的原因。

⑨设计出本实验 PLC 相对应的梯形图，并进行调试分析直至成功。

⑩写出实验分析与心得：你认为实验是否达到了要求？实验中遇到了什么问题？你是如何解决的？

实验 4.2 两台电动机的顺序延时启动逆序停止电气 PLC 控制实验

4.2.1 实验目的

独立设计顺序控制延时启动实验方案及编制程序，掌握西门子 S7-200 可编程控制器定时器的功能、特点及其使用方法，画出相应的时序图，熟练掌握 S7-200 软件各个功能及调试方法。

4.2.2 实验仪器和设备

STEP 7-Micro/WIN32 程序开发软件、S7-200 仿真软件及 PLC 实验箱一套。

4.2.3 实验内容

控制两台电动机，第一台电动机启动 8 s 后第二台电动机自动启动。停止时，要求先停止第二台电动机后才能停止第一台电动机。两台电动机均设短路保护和过载保护。试设计两台电动机的主电路和控制电路。

4.2.4 实验步骤

(1)两台电动机的主电路与控制电路

两台电动机的主电路与控制电路如图 4.6 所示。

(2)写出 I/O 端子的分配表

输入/输出端子分配见表 4.2。

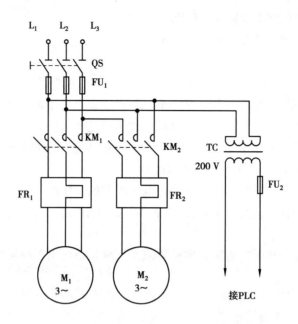

图 4.6　两台电机的主电路与控制电路图

表 4.2　输入/输出端子分配表

	PLC 端子	对应外设器件
输入		SB₁（启动按钮）
		SB₂（停止按钮）
输出		KM₁（M₁）
		KM₂（M₂）

（3）画出 PLC 与可编程之间接线图

PLC 与可编程之间接线图如图 4.7 所示。

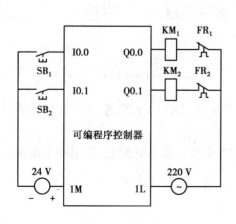

图 4.7　实验接线图

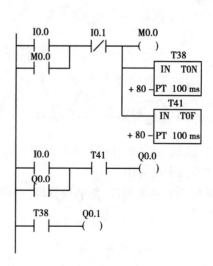

图 4.8　电机顺序控制实验梯形图

(4) 两台电动机 PLC 顺序控制的梯形图

电动机顺序控制实验梯形图如图 4.8 所示。

4.2.5 思考题

①正反转的工作原理是什么？若电路中不采取互锁会产生什么后果？

②行程开关的工作原理是什么？在本电路中的作用是什么？

③在 PLC 梯形图中是否需要定时器和计数器？如需要它们之间怎样配合？

④完善表 4.2 中 PLC 的 I/O 端子分配表内容。

⑤画出两台电机的顺序延时启动逆序停止电气控制的时序图。

⑥请判断图 4.8 的梯形图是否满足要求,若满足请分析工作过程,若不满足请画出正确的梯形图。

⑦分析图 4.7 实验接线图能否满足实验要求？不满足请画出正确接线图。

4.2.6 实验报告要求

①班级、姓名、学号、实验日期。

②实验名称。

③实验目的。

④实验内容。

⑤实验仪器。

⑥* 分析 PLC 的 I/O 端子的分配表,请对分配表进行完善和纠错。

⑦对已给出的实验接线图进行判断并完善,如果有错,该分析说明错误的原因。

⑧* 对已给出的时序图进行判断,如果有错,请分析说明错误原因,并给出正确的时序图。

⑨设计出本实验 PLC 相对应的梯形图,并进行调试分析直至成功。

⑩写出实验分析与心得:你认为实验是否达到了要求？实验中遇到了什么问题？你是如何解决的？

实验 4.3　送料车自动循环 PLC 控制实验

4.3.1 实验目的

独立设计自动循环控制实验方案,掌握行程开关的使用方法,熟悉 PLC 及自动循环控制在生产实践中的应用。

掌握 PLC 编程过程,能够根据题意画出时序图及 PLC 端子分配表,运用梯形图解决相应 PLC 控制。

4.3.2 实验仪器和设备

PLC 实验箱一套、送料车循环控制系统一套和计算机一台等。

4.3.3　实验内容

如图 4.9 所示,一辆送料车在 O 点原位(SQ_1 位置开关动作),按启动按钮后,小车由 O 点前进行驶到 A 点后返回原点,再由原点前进行驶到 B 点,由 B 点返回到原点,在 O、A、B 点各有一个接近开关($SQ_1 \sim SQ_3$),检测送料车是否到达位置,并反复执行上述动作过程。

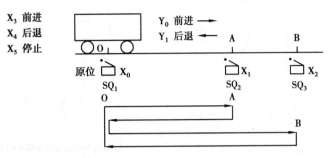

图 4.9　送料车循环运行控制流程图

设计送料车循环控制要求:

①送料车在运行过程中,按下启动按钮,送料车自动运行;按下停止按钮(X_5),送料车停止运行。

②按下前进按钮(X_3),送料车向前运行,按下后退按钮(X_4),送料车应退回到原点停止。

③当送料车到达接近开关时,送料车反向运行。

4.3.4　实验步骤

①根据题意要求,送料车循环运行主电路与控制电路图如图 4.10 所示。

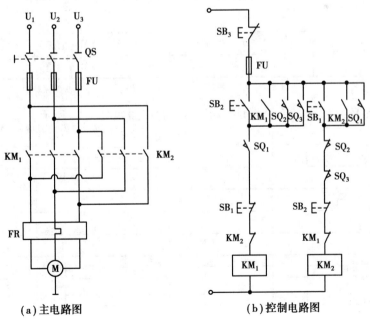

(a)主电路图　　　　　　(b)控制电路图

图 4.10　送料车循环运行主电路与控制电路图

②送料车循环运行实验接线图如图 4.11 所示。

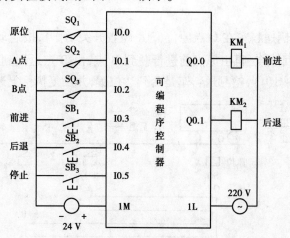

图 4.11 送料车循环运行 PLC 输入/输出接线图

③送料车循环运行 PLC 控制 I/O 端子的分配见表 4.3。

表 4.3 I/O 端子的分配

	PLC 控制端子	被控器件
输 入	I0.0	
	I0.1	SQ_1(A 点)
	I0.2	SQ_2(B 点)
	I0.3	SB_1(前进按钮)
	I0.4	SB_2(后退按钮)
输 出	Q0.0	KM_1(前进)
		KM_2(后退)

④送料车循环运行 PLC 控制各 I/O 端子运行时序图如图 4.12 所示。

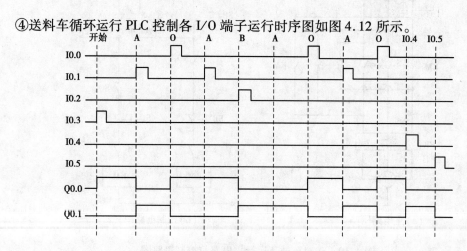

图 4.12 送料车循环运行 PLC 控制运行时序图

4.3.5　思考题

①循环控制的工作原理是什么？为什么需要行程开关进行配合？

②完善表 4.3 中 PLC 的 I/O 端子分配表内容。

③分析图 4.12 的时序图是否满足实验要求。若不满足请画出正确时序图。

④分析图 4.11 实验接线图是否能满足实验要求？不满足请画出正确接线图。

4.3.6　实验报告要求

①班级、姓名、学号、实验日期。

②实验名称。

③实验目的。

④实验内容。

⑤实验仪器。

⑥*分析 PLC 的 I/O 端子的分配表,请对分配表进行完善和纠错。

⑦画出实验接线图。

⑧*对已给出的时序图进行判断,如果有错,请分析说明错误原因,并给出正确的时序图。

⑨设计出本实验 PLC 相对应的梯形图,并进行调试分析直至成功。

⑩写出实验分析与心得:你认为实验是否达到了要求？实验中遇到了什么问题？你是如何解决的?

实验 4.4　电动机正反转启动能耗制动 PLC 控制实验

4.4.1　实验要求

①独立设计实验方案,编制程序。

②熟悉三相异步电动机正反转的控制方法,并掌握其能耗制动的工作原理。

③学会使用 Visio 画图软件画梯形图。

4.4.2　实验仪器和设备

STEP 7-Micro/WIN32 程序开发软件、S7-200 仿真软件及 PLC 实验箱一套。

4.4.3　实验内容

控制一台三相异步电动机,能正反转启动;停止时,能耗制动 8 s 停止。设计能实现电动机正反转启动能耗制动控制的三相异步电动机主电路图、PLC 接线图、时序图和梯形图。

4.4.4 实验步骤

①根据题意,设计出电动机正反转启动能耗制动主电路图,如图 4.13 所示。

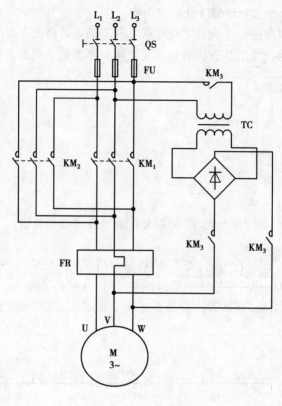

图 4.13 电动机正反转启动能耗制动主电路图

②时序图如图 4.14 所示。

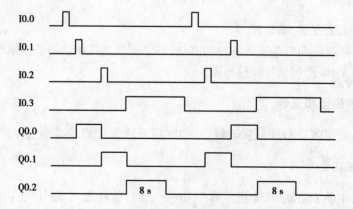

图 4.14 电动机正反转启动能耗制动时序图

③根据题意分配的 I/O 端子画出接线图,如图 4.15 所示。

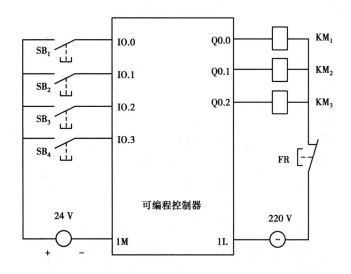

图 4.15 实验接线图

④分配可编程控制器的 I/O 端子,见表4.4。

表 4.4 电动机正反转启动能耗制动 I/O 端子分配

	可编程控制器端子	外部设备
输　入		SB$_1$(启动按钮)
	I0.1	SB$_2$(电动机正转按钮)
	I0.2	SB$_3$(电动机反转按钮)
	I0.3	SB$_4$(停止按钮,能耗制动 8 s)
输　出		KM$_1$(电动机正转)
	Q0.1	KM$_2$(电动机反转)
		(能耗制动)

4.4.5　思考题

①电动机正反转启动能耗制动的工作原理是什么?

②在本实验中可能会出现什么问题? 产生的原因及预防措施是什么?

③用 S7-200 仿真软件中对启动程序、三相异步电机正转、三相异步电机反转、能耗制动8 s 程序停止等四个子程序的仿真,观察记录各种状态并进行总结。

④完善表 4.4 中 PLC 的 I/O 端子分配表内容。

⑤分析时序图 4.14 是否能满足实验要求。若不满足,请画出正确的时序图。

⑥在本实验中互锁电路是否可以解决竞争问题? 除此外,还有什么更好的解决方法?

4.4.6　实验报告要求

①班级、姓名、学号、实验日期。

②实验名称。

③实验目的。

④实验内容。

⑤实验仪器。

⑥*分析 PLC 的 I/O 端子的分配表,请对分配表进行完善和纠错。

⑦画出实验接线图。

⑧*对已给出的时序图进行判断,如果有错,请分析说明错误原因,并给出正确的时序图。

⑨设计出本实验 PLC 相对应的梯形图,并进行调试分析直至成功。

⑩写出实验分析与心得:你认为实验是否达到了要求?实验中遇到了什么问题?你是如何解决的?

实验 4.5 8 个人表决 PLC 控制实验

4.5.1 实验目的

①独立设计实验方案,编制程序,熟悉 PLC 的基本操作和相应指令的使用。

②掌握互锁电路、自锁电路、表决器相关逻辑关系及控制方法,并掌握 PLC 的连接图,选择和使用 S7-200 仿真软件,合理分配 I/O 端子。

4.5.2 实验仪器和设备

PLC 实验箱及 S7-200 软件一套、计算机一台。

4.5.3 实验内容

设计一个 8 人表决器,共有 8 人进行表决。设计要求:有 8 个按钮分别对应 8 个进行表决的人。8 个人进行表决时,当超过半数人同意(同意者闭合开关),绿灯亮,当半数人同意黄灯亮,当少于半数人同意,则红灯亮。同时,主持人可以发出开始命令,当发出开始命令后,方可进行表决。当表决完成后,主持人通过复位按钮进行复位,等待下一轮表决。

4.5.4 实验步骤

①根据题意分配 PLC 的 I/O 端子,I/O 端子分配见表 4.5。

表 4.5 8 人表决器 I/O 端子分配表

输　入	外部连接设备	输　出	外部连接设备
I0.0 ~ I0.7	$SB_1 \sim SB_8$		红灯(少数人同意时)
	SB_9(开始)	Q1.1	黄灯(半数人同意时)
I1.1	SB_{10}(复位)	Q1.2	绿灯(多数人同意时)

②画出 I/O 端子接线图,参考接线图如图 4.16 所示。

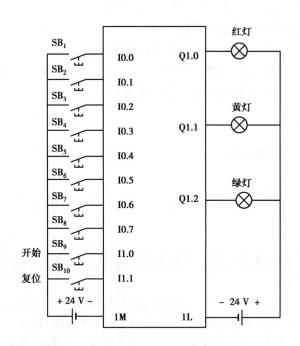

图 4.16　8 人表决器 I/O 端子接线示意图

③画出 8 人表决器时序图,参考时序图如图 4.17 所示。

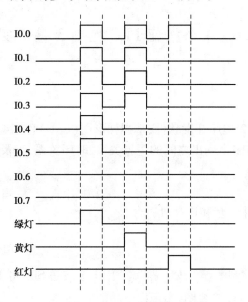

图 4.17　8 人表决器时序图

④编写 8 人表决器控制程序梯形图。

⑤调试程序,实现实验要求。

⑥确定程序无错,输出端子动作正确后,方能进行供电。

4.5.5　思考题

①若仿真软件不能正常使用,是否需更改 CPU 型号?

②本实验的 I/O 端子分配的依据是什么？

③进行表决时是否会产生竞争？若产生是什么原因造成的？

④分析图 4.17 的时序图是否满足实验要求。若不满足，请画出正确的时序图。

⑤完善表 4.5 中 8 人表决器 I/O 端子分配表内容。

4.5.6 实验报告要求

①班级、姓名、学号、实验日期。

②实验名称。

③实验目的。

④实验内容。

⑤实验仪器。

⑥* 分析 I/O 端子的分配表。若不完整请进行完善；如果有错，请予以纠正。

⑦画出实验接线图。

⑧* 对已给出的时序图进行判断，如果有错，请分析说明错误原因，并给出正确的时序图。

⑨设计出本实验 PLC 相对应的梯形图，并进行调试分析直至成功。

⑩写出实验分析与心得：你认为实验是否达到了要求？实验中遇到了什么问题？你是如何解决的？

实验 4.6 4 个按钮 PLC 控制 3 盏灯实验

4.6.1 实验目的

①学习使用 STEP-WIN32 程序开发软件，掌握梯形图（LAD）程序编辑器的使用。

②掌握 PLC 多个输入与多个输出之间的逻辑关系、时序关系，以及相互之间的互锁控制。

4.6.2 实验仪器和设备

PLC 实验箱、S7-200 软件一套和计算机一台。

4.6.3 实验内容

用 3 个按钮 $SB_1 \sim SB_3$ 控制 3 盏灯 $EL_1 \sim EL_3$，用 1 个按钮 SB_4 将 EL_1、EL_2、EL_3 灯同时灭掉，试设计出控制梯形图和 PLC 接线图，实现以下功能：

①按下按钮 SB_1 时，EL_1 灯亮。

②按下按钮 SB_2 时，EL_1、EL_2 灯同时亮。

③按下按钮 SB_3 时，EL_1、EL_2、EL_3 灯同时亮。

④按下按钮 SB_4 时，EL_1、EL_2、EL_3 灯同时灭。

4.6.4 实验步骤

①根据题意 I/O 端子分配见表 4.6。

表 4.6　4 个按钮控制 3 盏灯 PLCI/O 端子分配

可编程序控制器		外部连接设备	
输　入		SB₁	（灯 1 启动按键）
	I0.1	SB₂	（灯 1,2 启动按键）
	I0.2	SB₃	（灯 1,2,3 启动按键）
	I0.3	SB₄	（灯 1,2,3 复位按键）
输　出		EL₁	（灯 1）
	Q0.1	EL₂	（灯 2）
	Q0.2	EL₃	（灯 3）

②根据题意分配的 I/O 端子与外设接线图,参考接线图如图 4.18 所示。

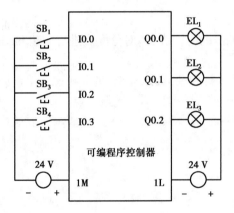

图 4.18　4 个按钮控制 3 盏灯的 PLC 与外设接线图

③画出 4 个按钮控制 3 盏灯的时序图,参考时序图如图 4.19 所示。

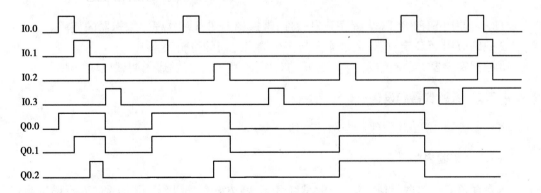

图 4.19　4 个按钮控制 3 盏灯 PLC 各端子之间的时序图

④在 STEP-WIN32 程序开发软件中编写程序。

⑤输入程序并进行调试。

⑥判断是否满足实验要求。

4.6.5 思考题

①该实验是否用到互锁控制？互锁控制的作用是什么？
②本实验的梯形图有几种表达方式？请用最简洁的方式实现。简化的依据是什么？
③当显示灯为 4 盏而按钮不变时，是否还可以用 3 个按钮控制 4 盏灯达到相同效果？
④当编程时不按照给出的参考时序图，是否可以进行实验？
⑤完善表 4.6 中 4 个按钮控制 3 盏灯 PLC 的 I/O 端子分配表内容。

4.6.6 实验报告要求

①班级、姓名、学号、实验日期。
②实验名称。
③实验目的。
④实验内容。
⑤实验仪器。
⑥*分析 PLC 的 I/O 端子的分配表，请对分配表进行完善和纠错。
⑦画出实验接线图。
⑧*对已给出的时序图进行判断，如果有错，请分析说明错误原因，并给出正确的时序图。
⑨设计出本实验 PLC 相对应的梯形图，并进行调试分析直至成功。
⑩写出实验分析与心得：你认为实验是否达到了要求？实验中遇到了什么问题？你是如何解决的？

实验 4.7 人行横道的红绿灯通行 PLC 控制实验

4.7.1 实验要求

①学习使用 STEP-WIN32 程序开发软件，掌握梯形图（LAD）程序编辑器的使用。
②熟练应用 PLC 定时器、多个输入与多个输出之间的逻辑关系。
③根据实验要求绘制输入/输出之间的时序图，用 PLC 将梯形图调试成功。

4.7.2 实验仪器和设备

PLC 实验箱、S7-200 软件一套和计算机一台。

4.7.3 实验内容

人行横道有红绿两盏信号灯，一般是红灯亮，路边设有按钮 SF，行人通过人行横道需按一下按钮。按钮按下后，过 4 s 红灯灭、绿灯亮，再过 5 s 绿灯闪烁 4 次（0.5 s 亮，0.5 s 灭），然后红灯又亮，从按下按钮到下一次红灯亮之前，按钮不起作用。

4.7.4 实验步骤

①根据题意描述人行横道红绿灯模拟图如图 4.20 所示。

②画出人行横道红绿灯 PLC 与外设之间连线,参考连线图如图 4.21 所示。

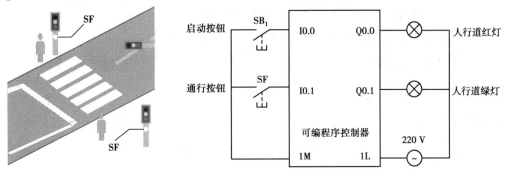

图 4.20 人行横道红绿灯模拟图   图 4.21 PLC 与外设之间连线

③进行人行横道红绿灯 PLC 的 I/O 端子分配,参考分配见表 4.7。

表 4.7 人行横道红绿灯 PLC 的 I/O 端子分配

PLC 端子	外 设
	SB₁(人行横道信号灯启动按钮)
I0.1	SF （路边按钮）
	人行横道红灯
Q0.1	人行横道绿灯

④画出人行横道红绿灯 PLC 各 I/O 端子控制时序图,参考时序图如图 4.22 所示。

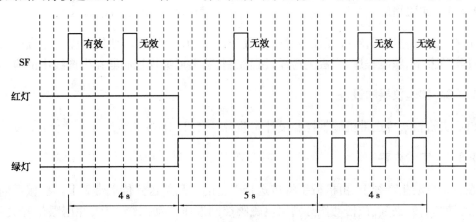

图 4.22 人行横道红绿灯 PLC 运行时序图

⑤根据时序图编写梯形图控制程序,并进行仿真调试。

⑥当程序无误后供电进行实验,判断所编写程序是否满足设计要求。

4.7.5 思考题

①在下一次红灯亮起之前按下"SF"按钮,按钮"SF"若不起作用,这是什么原因?

②置位线圈的作用是什么? 置位线圈和复位线圈哪一个优先级高?

③本实验 PLC 选用什么触发器? 触发器的工作原理是什么?

④PLC 置位线圈是上升沿触发启动还是下降沿触发启动?

⑤实验是否还可以进行改进? 改进的依据是什么?

⑥完善表 4.7 中人行道红绿灯 PLC 的 I/O 端子分配表内容。

4.7.6 实验报告要求

①班级、姓名、学号、实验日期。

②实验名称。

③实验目的。

④实验内容。

⑤实验仪器。

⑥* 分析 PLC 的 I/O 端子的分配表,请对分配表进行完善和纠错。

⑦画出实验接线图。

⑧* 对给出的时序图进行判断,如果有错,请分析说明错误原因,并给出正确的时序图。

⑨设计出本实验 PLC 相对应的梯形图,进行仿真调试直至成功。

⑩写出实验分析与心得:你认为实验是否达到了要求? 实验中遇到了什么问题? 你是如何解决的?

实验 4.8　传送带机械手 PLC 控制实验

4.8.1　实验目的

了解生产工艺过程,掌握互锁、自锁、位置开关及 PLC 定时器应用,掌握编程流程,根据要求设计实验方案,编制程序,完成生产线过程控制,熟悉可编程控制器在生产线中的应用。

4.8.2　实验仪器和设备

PLC 实验箱及传送带机械手控制设计实验台一套、计算机一台。

4.8.3　实验内容

在一条自动生产线上,由机械手将传送带 1 上的物品传送到传送带 2 上。机械手的上升、下降、左转、右转、夹紧、放松动作分别由电磁阀控制液压传动系统工作,并用限位开关及光电开关检测机械手动作的状态和物品的位置。传送带 1、2 均由三相鼠笼型异步电动机驱动。电动机应有相应的保护。

机械手初始状态为手臂在下限位(下限位开关 SQ_4 受压),手在传送带 1 上(右限位开关 SQ_2 受压)手指松开。

机械手要求有三种控制方式:

⑴手动控制方式。

②单周期控制方式。

③连续控制方式。

试设计 PLC 接线图和控制梯形图。

4.8.4　实验步骤

①传送带机械手控制 PLC 与外设的 I/O 端子分配见表4.8。

表 4.8　传送带机械手控制 I/O 分配表

PLC 输入端子	外设连接	PLC 输出端子	外设连接
I1.7	SA(启动)	Q0.7	KM$_2$(传送带 2)
I1.6	SA(停止)	Q0.6	KM$_1$(传送带 1)
	SB$_8$(右转)		YV6(右转)
I1.4	SB$_7$(左转)	Q0.4	YV5(左转)
I1.3	SB$_6$(下降)	Q0.3	YV4(下降)
I1.2	SB$_5$(上升)	Q0.2	YV3(上升)
I1.1	SB$_4$(夹紧)	Q0.1	YV2(夹紧)
I1.0	SB$_3$(松开)	Q0.0	YV1(松开)
PLC 输入端子		PLC 输入端子	
I0.7	SB$_2$(停止)	I0.3	SQ$_4$(下限位)
I0.6	SB$_1$(启动)		SQ$_3$(上限位)
	SQ$_6$(右限位)	I0.1	SQ$_2$(夹紧)
I0.4	SQ$_5$(左限位)	I0.0	SQ$_1$(光电开关)

②传送带机械手控制设计实验台示意图如图4.23所示。

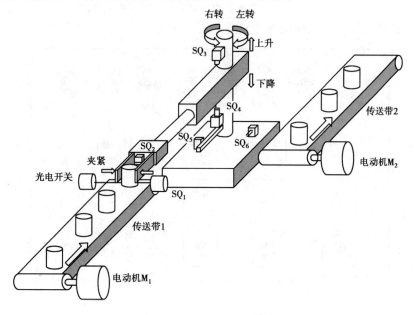

图 4.23　传送带机械手控制设计实验台示意图

③传送带机械手控制 PLC 接线图及主电路图如图 4.24 所示。

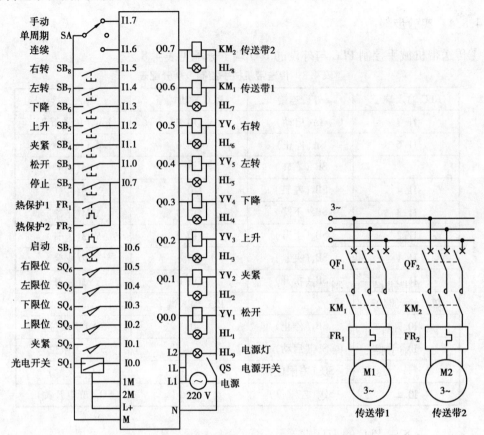

图 4.24　传送带机械手控制 PLC 接线图及主电路图

④传送带机械手操作控制面板设计如图 4.25 所示。

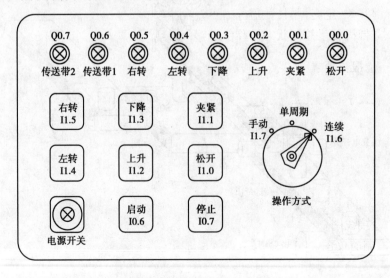

图 4.25　操作控制面板(参考)

⑤根据实验要求画出控制时序图。

⑥设计传送带机械手控制梯形图。

a. 传送带及物品检测梯形图。

b. 手动控制梯形图。

c. 传送带机械手控制总梯形图。

d. 机械手工作状态转移图及输出梯形图。

4.8.5　思考题

①完善表 4.8 中 PLC 的 I/O 端子分配表内容。

②画出各输入输出信号之间的时序图。

③设置传送带出现故障时的紧急处理程序是什么？

④写出行程开关、定时器、计数器等在程序中的作用。

⑤画出传送带机械手控制状态转移图。

4.8.6　实验报告要求

①班级、姓名、学号、实验日期。

②实验名称。

③实验目的。

④实验内容。

⑤实验仪器。

⑥*分析 PLC 的 I/O 端子的分配表，请对分配表进行完善和纠错。

⑦画出实验接线图。

⑧*画出控制时序图。

⑨设计出本实验 PLC 相对应的梯形图，进行仿真调试直至成功。

⑩写出实验分析与心得：你认为实验是否达到了要求？实验中遇到了什么问题？你是如何解决的？

实验 4.9 电镀自动生产线 PLC 控制实验

4.9.1 实验目的

独立设计实验方案,掌握电动机正反转、能耗制动、互锁、自锁、位置开关,以及 PLC 定时器、计数器应用,根据工艺要求编制程序,完成自动生产线过程控制,掌握 PLC 在生产过程中的应用。

4.9.2 实验仪器和设备

PLC 实验箱及电镀自动生产线实验台一套、计算机一台。

4.9.3 实验内容

如图 4.26 所示的一条自动生产线上,由行程开关 SQ_1、SQ_2、SQ_3、SQ_4、SQ_5 定位电解槽,SQ_0、SQ_6 是行车两端的开关,SQ_7、SQ_8、SQ_9 是吊篮位置及限位开关。用限位开关及光电开关检测吊篮动作的状态和位置。牵引钢缆由电动机 M_1 控制、吊篮由异步电动机 M_2 驱动。电动机有相应的保护。

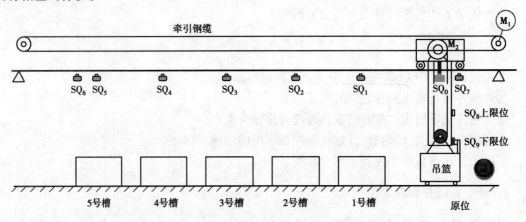

图 4.26 电镀自动生产线示意图

吊篮初始状态为在下限位(下限位开关 SQ_9 受压)及原位。

机械手要求有三种控制方式:

①手动控制方式。

②单周期控制方式。

③连续控制方式。

试设计 PLC 接线图和控制梯形图。

4.9.4 实验步骤

①主电路设计如图 4.27 所示。

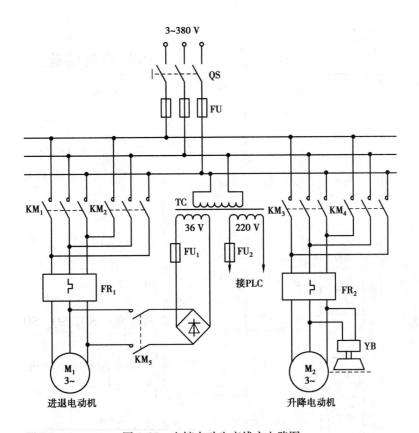

图 4.27　电镀自动生产线主电路图

②操作面板设计如图 4.28 所示。

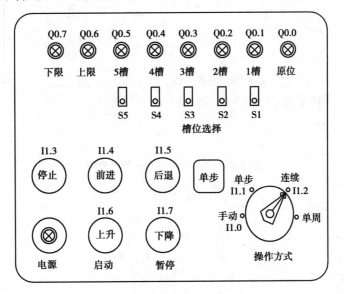

图 4.28　操作面板图

③PLC 输入/输出与外设接线设计如图 4.29 所示。

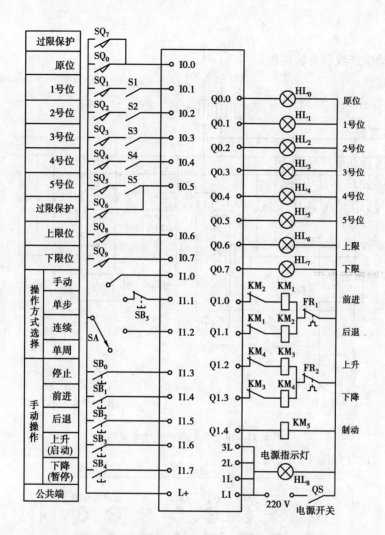

图 4.29　电镀自动生产线 PLC 接线图

④根据实验提供的信息,完善 PLC 与外设分配表和时序图。

⑤电镀自动生产线 PLC 控制程序设计：

A. 画出自动方式设计的梯形图。

a. 电镀自动生产线状态转移图。

b. 总程序框图。

B. 画出手动操作方式的梯形图。

4.9.5　思考题

①在本电镀自动生产线实验中采用几个行程开关？其作用分别是什么？

②如何利用 PLC 将自动与手动的程序结合起来？

③根据实验提供的信息，画出 PLC 与外设分配表和时序图。

④该电镀自动生产线需要的 I/O 较多，是否要考虑 PLC 选型？

⑤画出该实验 PLC 的梯形图时考虑用几个功能模块完成？

4.9.6　实验报告要求

①班级、姓名、学号、实验日期。

②实验名称。

③实验目的。

④实验内容。

⑤实验仪器。

⑥*画出 PLC 端子的分配表，请对分配表进行完善和纠错。

⑦画出实验接线图。

⑧*画出 PLC 各端点的控制时序图，对已给出的时序图进行判断，分析说明错误或者正确的原因。

⑨设计出本实验 PLC 相对应的梯形图，进行仿真调试直至成功。

⑩写出实验分析与心得：你认为实验是否达到了要求？实验中遇到了什么问题？你是如何解决的？

实验 4.10　智力竞赛抢答 PLC 控制实验

4.10.1　实验目的

独立设计实验方案，掌握互锁、自锁等典型应用，掌握编程流程，自行编制程序完成控制，熟悉 PLC 在生产实践中的各种应用。

4.10.2　实验仪器和设备

PLC 实验箱、S7-200 软件一套和计算机一台。

4.10.3　实验内容

设计一个 6 人抢答器，编号为 1 号 ~ 6 号，每一个人的抢答台上有一个抢答按钮和一个指示灯,主持人用一个按钮控制 6 个抢答台。当主持人报完题目后,按一下主持人按钮,抢答者才可以按下按钮,否则抢答无效。

抢答开始后,先按下按钮者的灯先亮,同时蜂鸣器响起;后按下按钮者的灯不亮,当主持人按下主持人按钮时,所有指示灯和蜂鸣器复位。

4.10.4 实验步骤

①程序设计流程图,如图 4.30 所示。

②画出接线图,如图 4.31 所示。

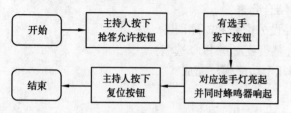

图 4.30 程序设计流程图　　　　　图 4.31 系统控制连接示意图

③根据实验要求分配 I/O 端子。

④根据实验要求画出时序图。

⑤编写智力抢答器控制程序。

注:以上五项必须在实验课前完成。

⑥按照所画接线图接线。

⑦输人程序,进行仿真,确定程序无误后实现控制,观察是否符合设计要求。

4.10.5　思考题

①自锁与互锁在哪些应用上使用?

②当有两人同时按下抢答按键时,如何处理程序?

③设置程序,对抢答者进行计时处理,未能及时回答问题时蜂鸣器响起提醒。

④完善 PLC 的 I/O 端子分配表和实验要求的时序图。

4.10.6　实验报告要求

①班级、姓名、学号、实验日期。

②实验名称。

③实验目的。

④实验内容。

⑤实验仪器。

⑥*写出 PLC 的 I/O 端子的分配表。

⑦画出实验接线图。

⑧*画出实验控制时序图。

⑨设计出本实验 PLC 相对应的梯形图,进行仿真调试直至成功。

⑩写出实验分析与心得:你认为实验是否达到了要求? 实验中遇到了什么问题? 你是如何解决的?

实验 4.11　电动机点动启动能耗制动 PLC 控制实验

4.11.1　实验目的

独立设计实验方案,了解电动机点动及能耗制动工作原理,掌握点动、自锁、顺序等典型应用,熟悉编程流程,编制程序完成控制,掌握可编程控制器在生产实践中的应用。

4.11.2　实验仪器和设备

PLC 实验箱、S7-200 软件一套和计算机一台。

4.11.3　实验内容

某一电气设备由一台电动机驱动,该电动机要求在停止后隔 3 min 后才能启动。如果在电动机停止 3 min 以内按启动按钮,电动机在停止 3 min 后将自行启动。试设计 PCL 接线图和控制梯形图。

4.11.4 实验步骤

① 分配 I/O 端子。I/O 分配表见表 4.9。

表 4.9 I/O 端子分配

PLC 端子	外 设
I0.0	SB$_2$（启动按钮）
I0.1	SB$_1$（停止按钮 + 能耗）
I0.2	SB$_3$（过热保护 FR）
Q0.0	KM$_1$（正转）
Q0.1	KM$_2$（反转）

② 电动机点动启动能耗电路图如图 4.32 所示。

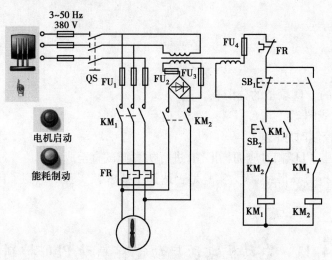

图 4.32 点动能耗制动主电路和控制电路图

③ 画出实验 PLC 与外设的连接图和 PLC 工作时序图。

④编写电动机点动能耗 PLC 控制程序。

注:以上四项必须在实验课前完成。

⑤按照所画接线图接线。

⑥输入程序,调试程序,确定程序无误后,实现控制,观察是否符合设计要求。

4.11.5　思考题

①大型电动机有几种启动方式和应该注意事项? 请画出其电气原理图和 PLC 梯形图。

②什么是能耗制动? 能耗制动的控制原则有哪些? 请画出其电气原理图和 PLC 梯形图。

③电动机有哪几种主要的制动方式?

④能耗制动与反接制动相比,有哪些特点?

⑤根据表 4.9 提供的信息画出 PLC 与外设连接图。

⑥根据实验要求画出时序图。

4.11.6　实验报告要求

①班级、姓名、学号、实验日期。

②实验名称。

③实验目的。

④实验内容。

⑤实验仪器。

⑥*分析 PLC 的 I/O 端子的分配表,请对分配表进行完善和纠错。

⑦画出实验接线图。

⑧*画出控制时序图,对已给出的时序图进行判断,分析说明错误或者正确的原因。

⑨设计出本实验 PLC 相对应的梯形图,进行仿真调试直至成功。

⑩写出实验分析与心得:你认为实验是否达到了要求? 实验中遇到了什么问题? 你是如何解决的?

实验 4.12　电动机延时正反转停控制 PLC 控制实验

4.12.1　实验目的

独立设计实验方案,掌握电动机正反转主电路设计,掌握行程开关、互锁、自锁电路,以及 PLC 的定时器、计数器综合应用,编制程序,完成控制,熟悉可编程控制器在生产实践中的应用。

4.12.2　实验仪器和设备

PLC 实验箱、S7-200 软件一套和计算机一台。

4.12.3　实验内容

控制一台电动机,按下启动按钮,电动机正转 10 s 停 3 s,再反转 10 s 停 3 s。循环 10 次后,信号灯闪烁 3 s 结束。按下停止按钮,电动机立即停止。设计 PLC 接线图和控制梯形图。

4.12.4　实验步骤

①分配 I/O 端子,其分配见表 4.10。

表 4.10　I/O 端子参考分配

PLC 端子	外　设
I0.0	启动按钮
I0.1	停止按钮
Q0.0	KM_1(正转)
Q0.1	KM_2(反转)
Q0.2	KM_3(信号灯)

②根据实验要求画出时序图。

③画出接线图,参考接线如图 4.33 所示。

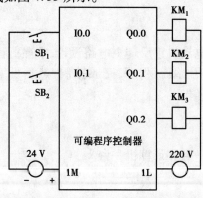

图 4.33　延时正反转控制接线图

④编写电动机延时正反转停控制 PLC 程序。

注:以上四项必须在实验课前完成。

⑤按照正确接线图接线。

⑥输入程序调试,确定程序无误后,实现控制,观察是否符合设计要求。

4.12.5　思考题

①按实验要求画出电动机延时正反转停控制的主电路图和控制电路图。

②按要求画出时序图。

③按要求画出调试 PLC 梯形图,用的定时器分为哪些种类?

④在本实验中采用了哪种定时器和计数器?

⑤给出的表 4.10 分配图和图 4.33 接线图能满足实验要求吗? 若不能,请给出正确的时序图。

4.12.6　实验报告要求

①班级、姓名、学号、实验日期。

②实验名称。

③实验目的。

④实验内容。

⑤实验仪器。

⑥*分析 PLC 的 I/O 端子的分配表,请对分配表进行完善和纠错。

⑦画出实验接线图。

⑧*画出控制时序图,对已给出的时序图进行判断,分析说明错误或者正确的原因。

⑨设计出本实验 PLC 相对应的梯形图,进行仿真调试直至成功。

⑩写出实验分析与心得:你认为实验是否达到了要求? 实验中遇到了什么问题? 你是如何解决的?

实验 4.13　电动机运行时间设定 PLC 控制实验

4.13.1　实验目的

独立设计实验方案,掌握 BCD 码数字开关、定时器、计数器,以及 PLC 定时器定时较长时间应用,编制程序,完成控制,熟悉可编程控制器在生活中的应用。

4.13.2　实验仪器和设备

PLC 实验箱、S7-200 软件一套和计算机一台。

4.13.3　实验内容

用按钮控制一台电机,电机启动运行一段时间后自动停止,运行时间用一位 BCD 码数字开关设置一个定时器的设定值,要求设定值为 1～9 min 可调。时间设定值与 BCD 对应编码见表4.11,试设计 PLC 接线图和控制梯形图。

表4.11 设定时间与编码盘对应关系

时间设定值/min	编码(BCD)			
1	0	0	0	1
2	0	0	1	0
3	0	0	1	1
4	0	1	0	0
5	0	1	0	1
6	0	1	1	0
7	0	1	1	1
8	1	0	0	0
9	1	0	0	1

4.13.4　实验步骤

①分配 I/O 端子,分配如表4.12。

表4.12　PLC 的 I/O 端子与 BCD 码盘等对应关系

	可编程控制器端子	主令开关及被控器件
输　入	I0.0	BCD_1
	I0.1	BCD_2
	I0.2	BCD_3
	I1.3	BCD_4
	I0.4	启动
	I0.5	停止
输　出	Q0.1	电机控制

②根据参考图画出 PLC 接线图,BCD 码开关与 PLC 连接示意参考如图4.34 所示。

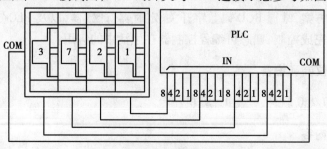

图4.34　BCD 码开关与 PLC 连接示意参考图

③编写电动机运行时间设定 PLC 控制程序。

注:以上三项必须在实验课前完成。

④按照所画接线图接线。

⑤输入程序调试,确定程序无误后,实现控制,观察是否符合设计要求。

4.13.5　思考题

①BCD 码的原理是什么? 如何与 PLC 连接?

②在该实验中选用定时器的原则是什么? 最大定时时间为多长?

③当定时需求较长时,如何实现长时间定时?

④PLC 通过 I/O 端子如何将 BCD 码拨码盘转换为定时器的控制参数?

4.13.6　实验报告要求

①班级、姓名、学号、实验日期。

②实验名称。

③实验目的。

④实验内容。

⑤实验仪器。

⑥* 分析 PLC 的 I/O 端子的分配表,请对分配表进行完善和纠错。

⑦画出实验接线图。

⑧设计出本实验 PLC 相对应的梯形图,进行仿真调试直至成功。

⑨写出实验分析与心得:你认为实验是否达到了要求? 实验中遇到了什么问题? 你是如何解决的?

第 **5** 章

力控组态软件及力控图形开发实验

实验 5.1　力控组态软件初步

5.1.1　力控组态软件的安装

点击"安装力控7.1"按钮,首先弹出"力控7.1安装程序"对话框,点击"下一步"按钮,进入"许可证协议"对话框,再次点击"是"按钮,弹出的对话框如图5.1所示。

图 5.1　力控安装程序

选择"演示",点击"下一步"按钮,进入到"客户信息"对话框,填写用户名和公司信息后再次点击"下一步"按钮,如图 5.2 所示。

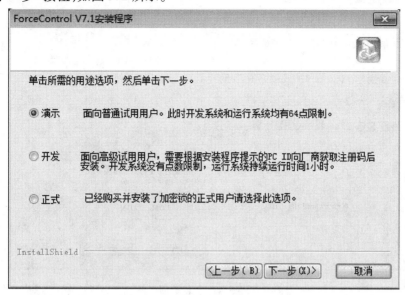

图 5.2　选择安装版本

选择"演示",点击"下一步"按钮,进入到"客户信息"对话框,填写用户名和公司信息后再次点击"下一步"按钮,如图 5.3 所示。

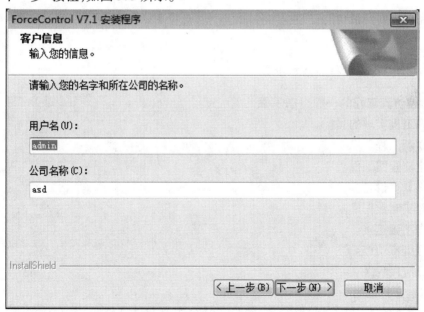

图 5.3　客户信息

选择安装目录后点击"下一步"按钮,进入到"安装类型"对话框,如图 5.4 所示。

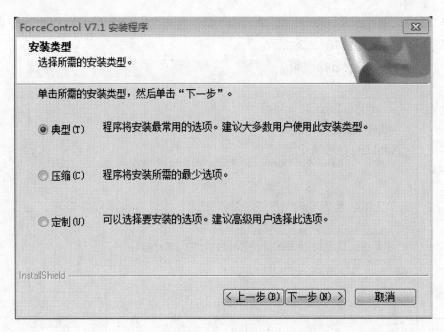

图 5.4　安装类型

选择"典型",点击"下一步"按钮,弹出对话框再次点击"下一步"开始安装力控组态软件。

安装完成后回到最初的安装程序界面,点击"安装 I/O 驱动程序"按钮,继续如上步骤完成安装。

5.1.2　力控仿真工程的基本步骤

(1)力控仿真工程的一般组态步骤
①明确工程实现的目标。
②建立新工程。
③创建流程图画面。
④定义 I/O 设备。
⑤创建实时数据库。
⑥制作动画连接。
⑦设计脚本动作。
⑧运行应用程序。

(2)工程文件说明
力控组态软件生成的工程路径包括以下 10 个主要文件夹路径,其存放的数据文件描述如下:
①应用路径\doc:存放画面组态数据。
②应用路径\Logic:存放控制策略组态数据。
③应用路径\http:存放要在 Web 上发布的画面及有关数据。
④应用路径\sqll:存放组态的 SQL 连接信息。

⑤应用路径\ recipe:存放配方组态数据。

⑥应用路径\sys:存放所有脚本动作、中间变量和系统配置信息。

⑦应用路径\db:存放数据库组态信息,包括点名列表、报警和趋势的组态信息、数据连接信息等。

⑧应用路径\menu:存放自定义菜单组态数据。

⑨应用路径\bmp:存放应用中使用的 bmp、jpg、gif 等图片。

⑩应用路径\dbldat:存放历史数据文件。

实验 5.2　工程管理器

5.2.1　工程管理器窗口

力控组态软件安装完成后双击打开桌面上的 ，将启动力控组态软件的"工程管理器窗口",如图 5.5 所示。

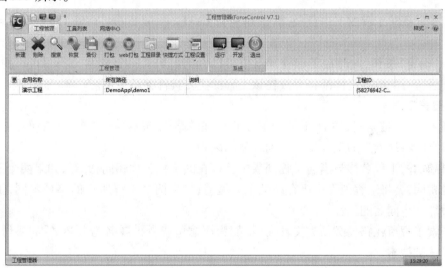

图 5.5　工程管理器界面

图 5.5 所示的窗口内容包括:属性页标签、工具栏、工程列表显示区等。

5.2.2　新建和搜索工程

(1)建立新工程

打开 ForceControl,进入工程管理器界面,点击工具栏"新建"按钮后,弹出"新建工程"对话框,如图 5.6 所示。

1)项目类型

在此窗口中提供许多行业的示例工程,当选中其中某个工程后,此时新建的工程就以此工程为模板来建立新工程。一般情况下选择"新建工程"下的"Tenplate"空白模板即可。

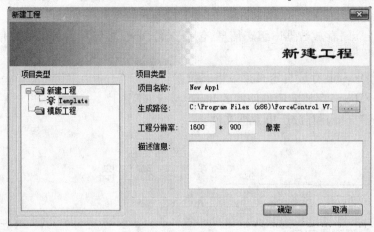

图 5.6 "新建工程"界面

2)项目名称

在"项目名称"文本框中,输入新建工程的名称。

3)生成路径

该项指定新建工程的工作目录,默认路径为 C:\Program Files(x86)\ForceControl V7.1\Project。

单击"确定"按钮,此时在工程管理器中可以看到添加了一个名为"New Appl"的工程,开发该系统后所有的数据文件都将存放在该工程的主要文件夹路径下。

(2)搜索工程

选择工具栏"搜索"按钮,再选择已有工程所在的路径,最后单击"确定"按钮开始搜索,工程管理器自动将搜索到的工程添加到列表显示区中。

如果添加的工程名称与当前工程列表中已存在的工程名称相同,此时,如果两个工程所在的路径也相同,会将工程列表中已存在的工程覆盖;如果两个工程所在的路径不同,工程管理器会再添加一个同名的工程。

被搜索工程所在路径必须为文件夹,不能为压缩包或者扩展名为".PCZ"的备份文件,不然工程无法被搜索。

5.2.3 备份和恢复工程

备份是将力控工程进行压缩备份。恢复是将力控的工程恢复到压缩备份前的状态。下面介绍如何备份和恢复力控工程。

(1)工程备份

在工程列表显示区中选中要备份的工程,单击菜单栏"备份"按钮,弹出"项目备份"对话框,如图 5.7 所示。

单击"确定"后,将在指定目录下生成扩展名为".PCZ"的备份文件,可以在选项中选择连同历史数据文件一起备份,或者为备份压缩的文件加密。

(2)工程恢复

单击菜单栏"恢复"按钮,在指定目录下找到扩展名为".PCZ"的力控备份文件,选中点击

"打开"，弹出"恢复工程"对话框，如图 5.8 所示。

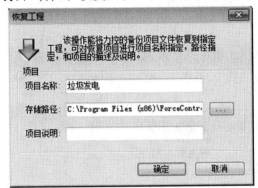
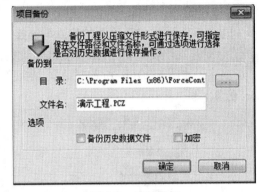

图 5.7　工程备份　　　　　　　　　　　图 5.8　工程恢复

在"项目名称"中指定工程恢复后项目的名称。在"项目存储路径"中指定存放恢复工程的路径。单击"确定"按钮开始恢复工程。

5.2.4　思考题

使用工具栏的"搜索"按钮，能否对已经完成备份的工程文件进行"搜索"？
简述平时生活中对工程文件及时保存和备份的意义。

实验 5.3　力控仿真工程入门

5.3.1　新建窗口

建立好工程后，点击工具栏中的"开发"按钮，进入开发环境。在开发系统窗口 Draw 中，双击工程窗口中树形菜单中的"窗口"项，弹出对话框，点击"创建空白界面"，弹出对话框如图 5.9 所示，建立名为"工程界面"的窗口，属性默认，背景色自己给定，单击"确定"，完成窗口建立。建立好之后会在"工程项目"树形"窗口"下拉菜单显示新建窗口名，并将图形绘画开发窗口呈现给用户，在此开始进行画面组态。

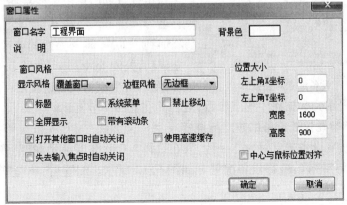

图 5.9　窗口属性

5.3.2　外部 I/O 设备

(1) ForceControl 仿真设备的建立与连接

①打开开发环境 Draw 的工程项目导航栏,如图 5.10(a)所示,双击"I/O 设备组态"项出现 IoManager 如图 5.10(b)所示对话框,在展开的项目中,双击"力控"→"驱动仿真"→"Simulator(仿真)"。

（a）

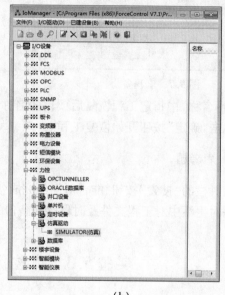

（b）

图 5.10　I/O 设备组态

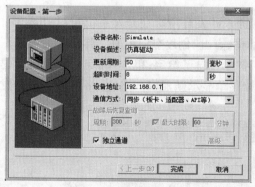

图 5.11　设备配置对话框

②双击选择,弹出 Simulator 的设备配置框,如图 5.11 所示,填入小于 8 字符的设备名称,描述可缺省,下边的采集方式中,更新周期依 I/O 设备而定,不同设备,配以适合的采集周期。超时时间按系统要求而定,设备地址必填。通信方式在仿真驱动中可以不作选择。单击"完成",见有名为"Simulate"、描述为"仿真驱动"的设备被添加到了 IoManager 右边的窗口中。仿真设备建立成功,关闭 IoManager 回到 Draw 环境。如需改动,则双击生成的设备连接便可以修改。

设备连接需要用到数据库中的点参数,故将其在下一小节阐述。

(2) 福建百特智能仪表设备的建立与连接

基本步骤与仿真设备建立时大体一致,只在选择 I/O 设备时换做"智能仪表"项,选择"福建百特"中的"百特系列",进行设备配置。如图 5.12 所示。配置后,单击"完成",IoManager 中百特设备被添入。

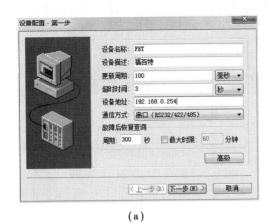
（a）

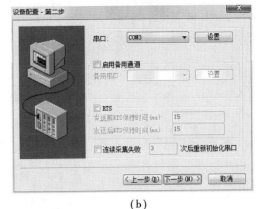
（b）

图 5.12　百特仪表的设备配置

5.3.3　图形对象与基本画面组建

在开发系统窗口 Draw 中，双击工程窗口里树形菜单里的"标准图库"项，弹出图库，点击"标准图库"子目录下的"罐"，如图 5.13 所示。

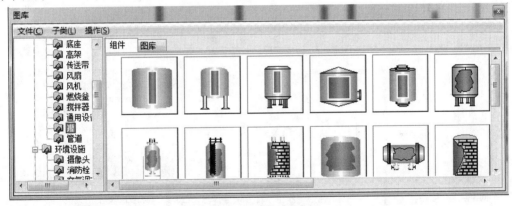

图 5.13　标准图库

双击所需要的图形对象，或者拖拽图形对象到之前建立的窗口中，即可在串口中出现所需的图形。同理，对于其他子目录下的图形对象也一样。

对于一个力控仿真工程，先从"标准图库"中选取所有需要的图形对象放入窗口中，并按照相应的位置将它们摆放好，这是基本画面组建的第一步；然后将要对图形对象进行处理和连接，在开发系统的导航栏第二排中的图形处理工具可以对图形对象进行对齐、镜像、前置和后置等处理，如图 5.14 所示。

图 5.14　图形处理工具

在窗口任意空白处点击右键弹出对话框，选择"系统工具条"的下拉对话框中的"工具箱"并打钩，弹出"工具箱"，如图 5.15 所示。

图 5.15　工具箱

　　用工具箱中的元素完成对于基本画面的组建和修饰。比如："管道",可连接各种仪器；"文本",可以添加注释。具体的其他功能将在动画连接中进行阐述。一个完成基本画面组建的仿真工程如图 5.16 所示。

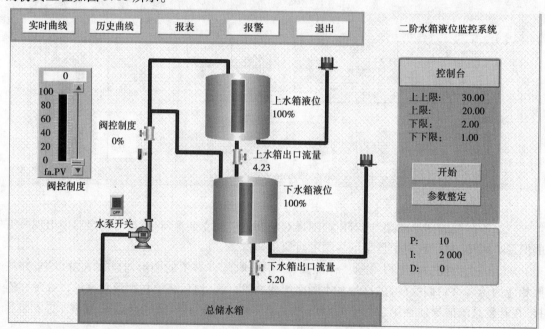

图 5.16　仿真工程基本画面图

5.3.4　实时数据库与变量

　　完成一个仿真工程基本画面组建之后,根据需求建立对应各个图形元素的实时数据库,再进行人机界面数据处理变量库。

　　实时数据库是由各个定义之后的"点"构成,一个点可以对应一个被测量或被控对象,也可对应一个如仿真工程中的图形元素这样的"虚拟"对象。通过定义点参数、点类型与存放区域,再将相应的被测量等元素进行与相应"点"的链接完成一个基本的实时数据库系统。

变量的作用则类似 C 语言中变量的作用,主要完成对于人机界面数据的处理。

力控组态软件提供多种变量,包括系统中间变量、窗口中间变量、中间变量、间接变量、数据库变量等。本书实验环节中常用的为中间变量。

中间变量的作用范围为整个应用程序,可以被任意窗口引用,它是一种中间临时变量,没有自己的数据源,因而适用于在整个应用程序中为全局性变量、需要全局引用的计算保存临时结果。

窗口中间变量的作用域仅限于应用程序的一个窗口,在一个窗口内创建的窗口中间变量,在其他的窗口是不可引用的,它没有自己的数据源,通常用于在一个窗口内保存临时结果。

数据库组态建立描述如下:

①在"工程项目"导航栏中,双击"数据库组态",启动 DbManager(如果没有出现导航栏,激活 Draw 菜单命令"查看/工程项目导航栏")。

②启动 DbManager 后,出现如图 5.17 示的 DbManager 主窗口。单击菜单的"点"选项,选择新建或双击单元格,出现"请指定区域、点类型"向导对话框。根据需要选择"模拟 I/O 点"或"数字 I/O 点",然后双击该点类型,出现"新增"对话框。在基本参数"点名"输入以字母开头以字母、数字、下画线组成的点名称。在"点说名"输入关于该点描述,根据实际需求对"模拟 I/O 点"的"工程单位""小数位""量程上下限"和"数字 I/O 点"的开关状态信息进行详细设置。

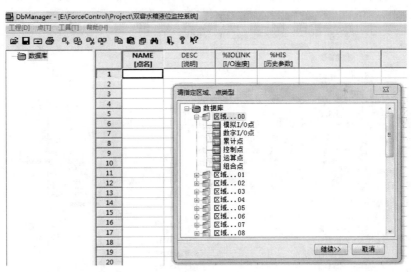

图 5.17　DbManager 窗口

对需要进行历史参数保存的点进行历史参数的配置。点击"新增:"对话框中"历史参数"选项,或者双击已有点单元格,弹出"修改"对话框,如图 5.18 所示。

对于需要配置的点,可以选择数据变化保存或数据定时保存,这里选择以变化率为 1.00%的精度进行数据变化保存,单击"增加"后可以看出左边参数栏 PV 旁打上钩,表示该点的 PV 值已经建立了历史数据连接。依此决可建立其他点的历史参数。

历史参数是很有用的,它直接关系到实时曲线和历史曲线能否正常连接,所以必须将其配置好。

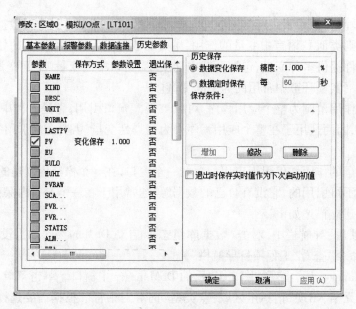

图 5.18　历史参数连接

　　报警参数配置主要用于监控组态软件的报警功能,包含限值、偏差、变化率三种报警触发方式,其他时间参数由工艺决定。其具体做法是,将"报警参数"下"报警开关(ALMENAB)"选中,将欲选择的报警触发方式及限制配置好即可,以便与报警控件相关联。如图 5.19 所示。

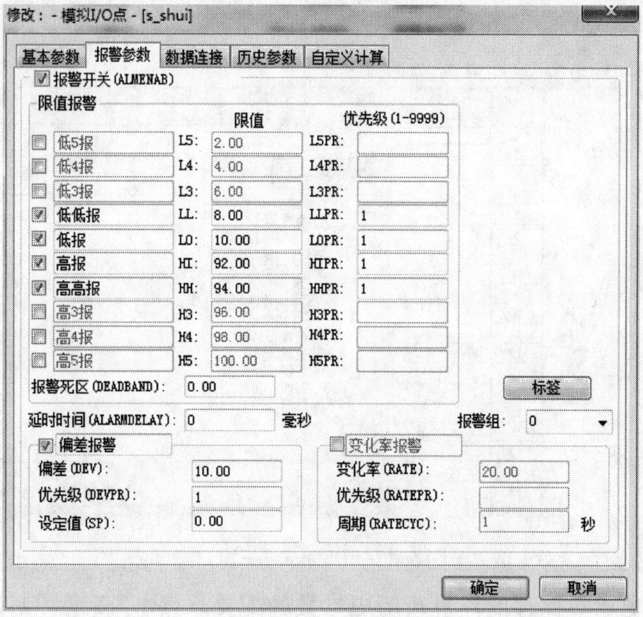

图 5.19　报警参数设置界面

　　中间变量建立描述如下:

　　①在"工程项目"导航栏中,双击"变量"子目录下的"中间变量"选项,弹出"变量管理"对话框如图 5.20 所示。

图 5.20　变量管理界面

②单击"变量管理"对话框中的"添加变量"选项,弹出"变量定义"对话框,如图 5.21 所示。

图 5.21　变量定义界面

根据需求完成你对于变量名(如 i,j,k 等)、变量类型(实型、整型、离散型、字符型)、初始值及最大最小值等参数的设定。

5.3.5　脚本系统

ForceControl 提供了一个类似 Basic 语言的编程工具,称为脚本编程器。ForceControl 的动作脚本类型包括对象动作脚本和命令动作脚本,而所有的动作脚本都是由事件驱动的。不同类型的动作脚本决定在何处以何种方式加入控制。

(1)对象动作脚本

执行动作与图形对象直接相关的脚本,称作对象动作脚本。对象动作脚本分为触敏性动作脚本和一般性动作脚本。

触敏性动作脚本。在图形对象被点击(左键)时执行;一般性动作脚本。在图形对象所在窗口被打开期间执行。

应用程序加入对象脚本的方法:双击选中的图形对象,在"动画连接"对话框中,选择"触敏动作/左键动作"或"杂项/一般性动作"。

(2)命令动作脚本

命令动作脚本用于创建窗口、应用程序、数据改变、按键和条件等动作脚本。进入脚本编辑器的途径很多,通常在"工程项目"栏中的"动作"项中选择合适的动作脚本。对脚本的实例见图 5.22 所示。

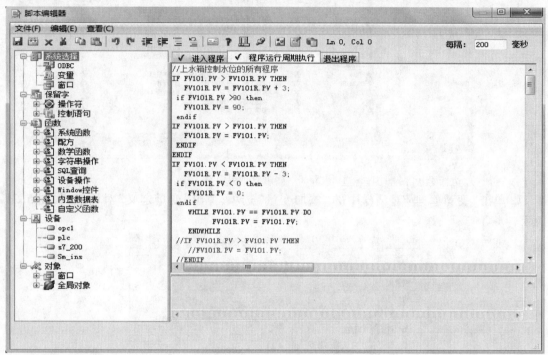

图 5.22　脚本编程器界面

(3)脚本语言

动作脚本语言是 ForceControl 开发系统 Draw 提供的一种自行约定的内嵌式的类似 Basic 和 C 的程序语言。

5.3.6　动画连接

ForceControl 是面向对象的监控组态软件,每一个对象的动作都与相应的变量、函数或脚本关联,每一个变量、函数或脚本也必须关联相应的对象。若要实现 ForceControl 监控组态软件的动画效果,必需要将数据库组态或变量、脚本与对象关联上。工程界面窗口的组态画面完成后,要对其中对象进行动画的连接。

(1)创建动画连接

常用两种方法创建图形、文本、按钮、子图等元素的动画连接,即:①用鼠标右键单击对象,弹出右键菜单后选择其中的"对象动画"。②双击图形对象。

动画连接对话框中划分了五个区域:鼠标相关动作、颜色相关动作、数值输入显示、杂项和尺寸旋转移动,如图 5.23 所示。

图 5.23　动画连接对话框

（2）鼠标相关动作

鼠标相关动作,包含拖动(垂直、水平拖动)和触敏动作(窗口显示、左键动作、右键动作、信息提示)。拖动连接使对象的位置与变量数值相连接,在系统运行时,当对象被鼠标选中或拖动时,动作触发;触敏动作则是系统运行时点击或将鼠标放置在对象上,动作触发。

以"垂直拖动"和左键动作为例:

1)垂直拖动

首先要确定拖动距离,以像素表示,可以画一条参考竖线,上下两端点作为拖动的首末端,在工具箱状态区域中记下其长度及坐标;然后选取或建立拖动对象,使对象与参考端对齐放置;最后,单击"动画连接"对话框中"垂直",弹出图 5.24 所示对话框,将变量关联,并配以拖动的数值参数(上述记下的长度和坐标),单击"确认"完成。

图 5.24　垂直拖动的连接对话框

2)左键动作

选取对象(这里选择一个"增强型按钮")并双击,弹出"动画连接"对话框,单击"左键动作",弹出鼠标动作的"脚本编辑器","脚本编辑器"中依次为"按下鼠标""鼠标按着周期执行"以及"释放鼠标",根据此按钮的作用选取合适的执行条件,这里为"按下鼠标"。如图5.25所示,在按下鼠标中输入语句"#Report. SetTimePar(−1);",点击工具栏中的"编译"动作,如果脚本语句正确,则会在"按下鼠标"前显示一个"红勾号",这样就完成了"左键动作"的连接。

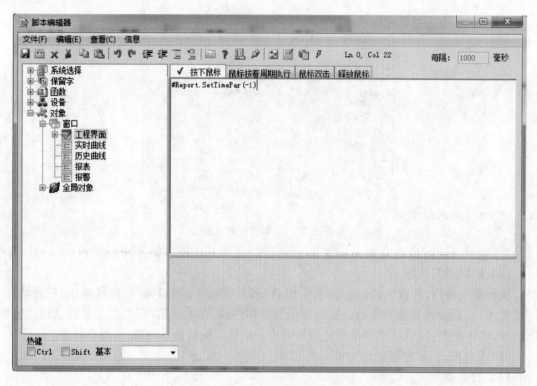

图 5.25　鼠标动作脚本编辑器

(3)颜色相关动作

颜色相关动作包含颜色变化和百分比填充,可使图形对象的线色、填充色、文本颜色等属性随着变量或表达式的值变化而变化。根据变化条件的不同,颜色变化分为四种:边线、实体/文本、条件和闪烁动画连接。其中边线、实体/文本动画连接的为模拟量,条件和闪烁动画连接的为开关量。

以闪烁和垂直填充为例:

1)闪烁

确定对象(这里为一段文本),双击产生"动画连接"对话框,选择"闪烁",弹出"闪烁"配置对话框,添加变量"FLAG",并配置好属性及闪烁频率,单击确定完成,如图 5.26 所示。

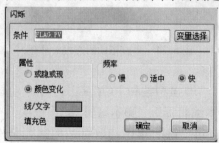

图 5.26　闪烁动画配置对话框

2)垂直填充

首先创建用于垂直填充连接的图形对象(这里为一个水箱),双击该对象进入"动画连接";其次选择"百分比填充/垂直",弹出图 5.27 所示对话框,填入变量名"LT102.PV",配置好填充最值、参考点及填充背景色,单击"确认"完成。

图 5.27　垂直百分比填充配置对话框

(4)数值输入显示

数值输入显示包含数值输入和数值输出,二者均下分为模拟量、开关量、字符串,通常关联使用,即输入的同时可以显示出输入的内容。以一个 PID 仪表的参数给定界面为例,如图5.28(a)所示。其具体操作:双击文本,产生"动画连接"对话框,点击"模拟",弹出图 5.28(b)所示对话框,关联好变量,在"带提示"选相处打钩号,运行时单击对象,会出现 5.28(c)所示的软键盘,只需鼠标操作,而无须再用真正的键盘,方便了输入。

图 5.28　数值输入的动画连接

(5)杂项

杂项包含一般动作、隐藏、禁止和流动属性。

以流动属性为例:

建立一个对象,这里为一段管道,双击对象弹出"动画连接"对话框,选择"流动属性",弹出图 5.29 所示的对话框,在"条件"处填入流动条件,可以是变量或表达式。"流体外观""流动速度""流动方向"中内容用户拟定。单击"确认",完成连接。

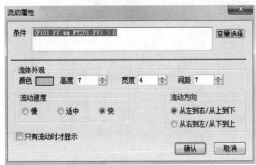

图 5.29　流动属性动画配置对话框

(6)尺寸旋转移动

尺寸旋转移动包含目标移动和尺寸,可以将变量值与图形对象的水平、垂直方向运动或自身旋转运动连接起来,也可以将变量与图形对象的尺寸大小连接。根据动作要求,可分为垂直移动、水平移动、旋转、高度变化和宽度变化。以垂直移动和高度为例:

1)垂直移动

双击"对象",弹出"动画连接"对话框,在"尺寸旋转移动"区域,选择"垂直"。在"值变化"处填入变量"wu. pv",在"移动像素"处填入变量"wu. pv",在运行时移动区域的范围。单击"确定",完成连接,如图 5.30 所示。

水平移动连接的建立方法与垂直移动的类似。

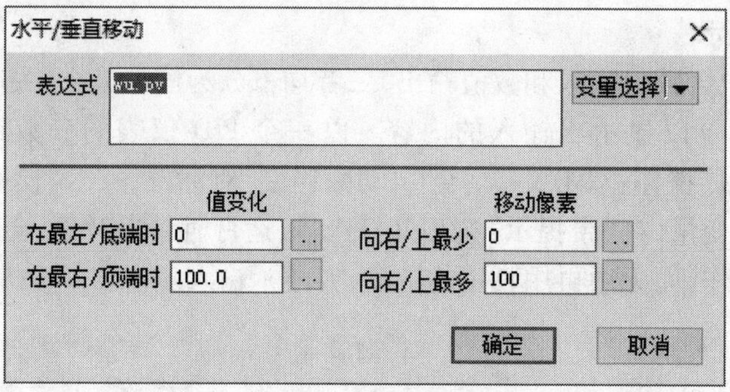

图 5.30　水平/垂直移动连接图

2)高度

建立一个对象,以一个正方体为例。双击"对象",弹出"动画连接"对话框,在"尺寸"区域,选择"高度"。在"最大高度时值"和"最小高度时值"处填入变量值的变化范围,前者为最大值,后者为最小值。在"最大百分比"和"最小百分比"处填入正方形在达到最大或最小高度时与原始高度的百分比。"参考点"即为从 0% 开始增大的起点,可按照需要设置。单击"确定",完成连接,如图 5.31 所示。

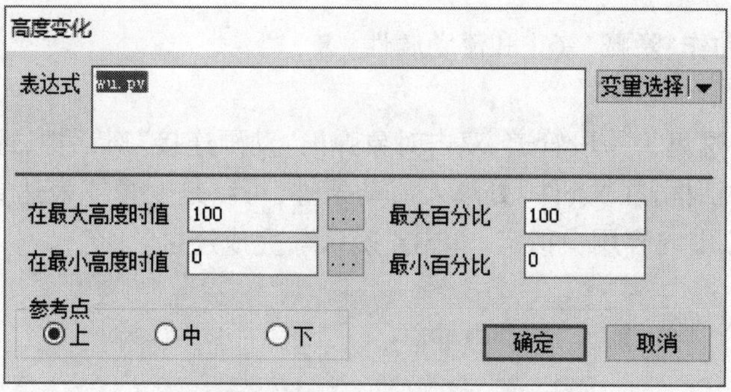

图 5.31　高度变化属性配置图

实验 5.4　双容水箱液位监控界面开发实验

5.4.1　双容水箱液位监控界面

(1)实验目的

①熟悉力控组态软件开发环境。

②初步掌握实时数据库的创建、组态与使用。

③利用仿真驱动程序进行实时数据库的组态。

(2)实验设备

计算机(带有 ForceControl 7.1 力控组态软件)。

(3)实验内容

根据本章所学知识和力控仿真工程的一般组态步骤,以及给出的系统方框图,通过运用 ForceControl 7.1 力控组态软件设计一个水位控制系统,系统方框图如图 5.32 所示。工程中涉及动画制作、控制流程的编写、模拟设备的连接、报警输出、报表曲线显示等多项组态操作。

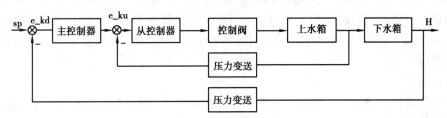

图 5.32　双容水箱液位监控系统方框图

力控仿真工程的一般组态步骤:

①明确工程实现的目标。

②建立新工程。

③创建流程图画面。

④定义 I/O 设备。

⑤创建实时数据库。

⑥制作动画连接。

⑦设计脚本动作。

⑧运行应用程序。

(4)实验步骤

1)新建工程

打开 ForceControl 7.1,进入工程管理器界面,点击"新建"图标,弹出图 5.33 所示的对话框,选择空白模板"Template",新建一个项目名称为"双容水箱液位监控系统"的工程,默认生成路径。

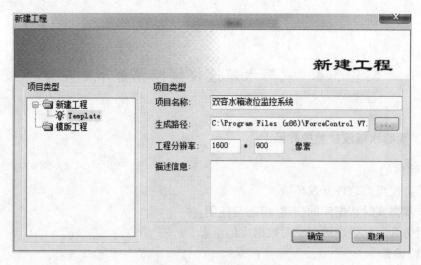

图 5.33　建立新工程操作

建立好工程后,点击工具栏中的 按钮,进入开发环境(Draw)。若弹出开发系统未授权对话框,点击"忽略",即可进入开发环境(Draw)。

2)创建流程图画面

ForceControl 的对象有很多类型,诸如:普通图元、复合组件、后台组件、标准 ActiveX 控件以及智能单元对象。进行画面组态前,ForceControl 开发环境 Draw 中关于图形对象的一些基本概念必须熟悉。在进行画面组态工作时,这些对象中的大多细节都会用到。进行工程开发画面组态流程如下:

①新建窗口

在开发系统窗口 Draw 中,双击工程窗口中树形菜单的"窗口"项,弹出对话框,点击"创建空白界面",弹出对话框如图 5.34 所示。建立"工程界面"的窗口,属性默认,背景色自己给定,单击"确定",完成窗口建立。建立好之后,会在"工程项目"树形菜单"窗口"下拉菜单显示新建窗口名,并将图形绘画开发窗口呈现给用户,在此开始进行画面组态。

图 5.34　窗口新建步骤示意

②制作工程界面

根据实验内容中给出双容水箱液位监控系统的控制方块图,在"工程项目"树形菜单的"标准图库"项选择合适的图元,如泵、化工单元、储罐、管道等。在上一步中新建好的"工程界

面"窗口中,完成搭建组装流程图画面。其具体步骤如下:

a. 双击"工程项目"树形菜单的"标准图库",弹出图库对话框,如图 5.35 所示。

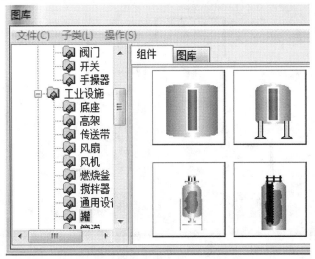

图 5.35　标准图库

b. 从"罐"类中选取两个合适的罐子双击,或将其拖动到"工程界面"窗口中。

c. 在"泵"类和"阀门"类中,选取 1 个泵和 3 个阀门,双击或将其拖动到"工程界面"窗口中。

d. 在"游标"类中,选取"精灵图库 009"双击或将其拖动到"工程界面"窗口中。

e. 在"传感器"类中,选取 1 个"精灵图库 005"和两个"精灵图库 020",双击或将其拖动到"工程界面"窗口中。

f. 在"开关"类中,选取 1 个"精灵图库 010",双击或将其拖动到"工程界面"窗口中。

g. 在左侧"工具箱"或导航栏"工具"中,选择"圆角矩形"在界面下方画一个矩形用来代表"总储水箱",如图 5.36 所示。

图 5.36　工具箱

h. 调整各图元位置、颜色及大小(颜色以及边线颜色、线宽等属性可选中图元之后在开发环境右侧的"属性"菜单栏中修改),将从左侧"工具箱"或导航栏"工具"中选择"管道",将各图元按照一定位置连接好,完成一个基本的控制系统,如图 5.37 所示。

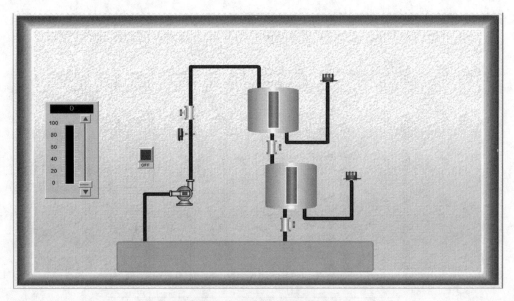

图 5.37 基本组态画面的建立

i. 从左侧"工具箱"或导航栏"工具"中选择"圆角矩形",在界面上方画一个"工程导航栏",在上一步完成的基本的控制系统旁边画一个"控制台"。

j. 从左侧"工具箱"或导航栏"工具"中选择"增强型按钮",插入到"工程导航栏"和"控制台"中,作为"菜单栏";从"工具箱"或导航栏"工具"中选择"文本",给图中各元件插入注释;到此就完成了一个完整的工程界面,如图 5.38 所示。

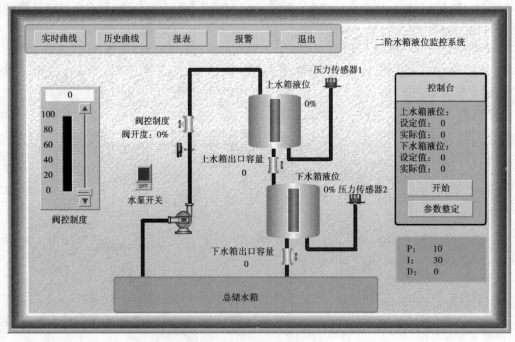

图 5.38 完整的工程界面

并不是所有图元都能在"标准图库"中找到,若无满意的图元,可在"工具箱"寻找或手动绘制。例如:按钮、多边形、立体管道、文本等。所有需要的图元具备后,将它们按设计好的流程图"搭建组装"起来,并在细微处加以修饰润色,构成完整的工艺流程画面,这是良好人机接口的重要部分。

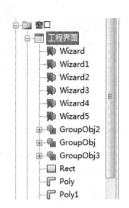

所有在画面组态区域中出现的对象,都可以通过属性修改方法对它们的属性(如对象名、背景色、填充色、图层、显示风格等)进行修改,达到满意效果。

在一个窗口中的所有对象,可以通过选择"工程项目"工具栏查看,点击"窗口"将其展开,选择要查看的窗口双击,再单击展开,所有其包含的对象及其命名都显示出来,如图 5.39 所示。这对于要进行操作对象时很有用,例如对趋势曲线的操作。

图 5.39　窗口对象

3)定义 I/O 设备与创建实时数据库

定义了 I/O 设备,是为了保证 ForceControl 数据库与这些 I/O 设备的数据交换。该实验生成的仿真演示工程一项,如不需要可以选择跳过。

5.4.2　创建实时数据库

(1)分析工艺流程

在数据库组态前,先要对工艺流程进行准确分析,根据具体的工艺流程和上一步中搭建组装的流程图画面,选出控制点和监测点,排列给出,以方便进行数据库组态。在本实验中需要用到以下数据对象,见表 5.1。

表 5.1　数据库组态名称及状态表

对象名称	类　型	注　释
水泵	开关型	控制水泵"启动""停止"的变量
调节阀	开关型	控制调节阀"开度"的变量
出水阀	开关型	控制出水阀"开度"的变量
上水箱液位	数值型	上水箱的水位高度,用来控制上水箱水位的变化
下水箱液位	数值型	下水箱的水位高度,用来控制下水箱水位的变化
上水箱出口流量	数值型	用来反映上水箱出水口流量变换,与出水阀开度有关
下水箱出口流量	数值型	用来反映下水箱出水口流量变换,与出水阀开度有关

本系统中所用到的控制变量及检测变量选列于表 5.2 中。

表 5.2　数据库变量表

	NAME [点名]	DESC [说明]	% IOLINK [I/O 连接]	% HIS [历史参数]	% LABL [标签]
1	s_shui	上水箱液位		PV = 1.000%	
2	x_shui	下水箱液位		PV = 1.000%	
3	fa	阀控制度		PV = 1.000%	报警未打开
4	s_out	上水箱出		PV = 1.000%	报警未打开
5	x_out	下水箱出		PV = 1.000%	报警未打开
6	beng	水泵		PV = 1.000%	报警未打开

依据表 5.2 进行数据库组态,其余用到的变量可根据实际情况要求定义成中间变量、间接变量或中间窗口变量。

(2)建立数据库组态

将数据库组态建立描述如下:

①在"工程项目"导航栏中,双击"数据库组态",启动 DbManager(如果没有出现导航栏,激活 Draw 菜单命令"查看/工程项目"导航栏)。

②启动 DbManager 后,出现如图 5.40 所示的 DbManager 主窗口。单击菜单条的"点"选项,选择新建或双击单元格,出现"请指定区域、点类型"向导对话框,根据需要选择"模拟 I/O 点"或"数字 I/O 点"。

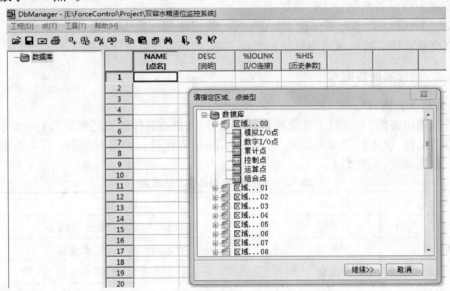

图 5.40　DbManager 窗口

③双击该点类型,出现"新增"对话框如图 5.41 所示。在基本参数"点名"输入以字母开头以字母、数字和下画线组成的点名称。在"点名"输入关于该点描述,根据实际需求对"模拟 I/O 点"的"工程单位""小数位""量程上下限"和"数字 I/O 点"的开关状态信息进行详细设置。

对需要进行历史参数保存的点,进行历史参数的配置。点击"新增:"对话框的"历史参数"选项,或者双击已有点单元格弹出"修改"对话框,如图 5.42 所示。

对需要配置的点,可以选择数据变化保存或数据定时保存,这里选择以变化率为 1.00% 的精度进行数据变化保存,单击"增加"后,可以看到左边参数栏 PV 旁显示红钩,表示该点的 PV 值已经建立了历史数据连接。依此法可建立其他点的历史参数。

历史参数是很有用的,它直接关系到实时曲线和历史曲线能否正常连接,因此,必须将其配置好。

报警参数配置主要用于监控组态软件的报警功能,包含限值、偏差、变化率三种报警触发方式,其他时间参数由工艺决定。其具体做法是将"报警参数"下"报警开关(ALMENAB)"选中,将欲选择的报警触发方式及限制配置好即可,以便与报警控件相关联,如图 5.43 所示。

图 5.41　新增点窗口

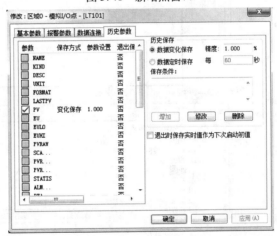

图 5.42　历史参数连接

图 5.43　报警参数设置

(3) 建立曲线、报表画面组态

完成了数据库组态及 I/O 连接后,重新回到开发环境 Draw 中来,进行画面的组态。所有的监控组态软件系统,必不可缺的画面有工艺流程图、趋势曲线(实时曲线、历史曲线)、报表、报警、仪表盘等。在做组态画面时,这些都要进行组态。

1) 实时监控曲线画面组态

依然是在开发系统 Draw 环境下,与建立"工程界面"方法一致,只在窗口命名时以"实时曲线"保存窗口。在"实时曲线"窗口中,打开"工程项目"栏,双击在下方的"复合组件"选项,便打开包含有 Windows 控件、曲线、曲线模板、报表、报警、事件等内容的库。选择"曲线",拖动"趋势曲线"至组态窗口中,模板便完成了,如图 5.44 所示。

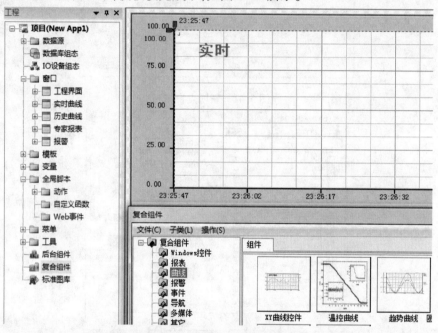

图 5.44 实时曲线模板的建立

对趋势曲线的属性配置,双击曲线模板,弹出"属性"对话框,自上而下配置,"曲线类型"栏选择"实时趋势","数据源"栏选择"系统"。"曲线"中的"画笔"栏,在"名称"栏填入"上水箱液位曲线"后点击"变量"栏边上的"?",可进行数据库变量及其点参数的选择,也可以手动填写。

"低/高限"以实际情况配置,曲线属性依个人而定。"时间"栏需要注意的是,可进行配置的只有"显示格式""时间长度"以及"采样间隔"。由于是"实时曲线",所以不能对"开始时间"进行配置。配置完毕后点击"增加"按钮,曲线添入上方空栏中,单击下方"确定"保存设置,如欲修改,可再双击曲线模板,重新进行配置。实时曲线属性配置如图 5.45 所示。对实时趋势曲线窗口进行修饰润色后得到实时监控曲线画面,如图 5.46 所示。

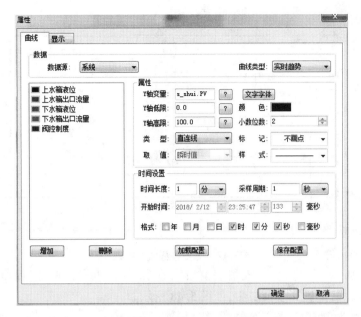

图 5.45　实时曲线属性配置

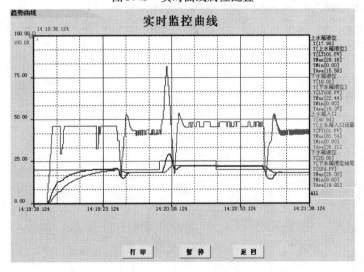

图 5.46　实时趋势监控曲线

2）历史监控曲线画面组态

仿照实时曲线的建立方法建立历史曲线，不同处在于，"曲线类型"栏选择"历史趋势"，"时间"选项中的"开始时间"可选而且必须设置，它直接关系到历史趋势的存储起始时间。其余选项参见"实时趋势"的设置，配置好的历史趋势曲线监控画面如图 5.47 所示。

值得注意的是，无论是"历史趋势"还是"实时趋势"，所加变量一定要完成了历史参数的连接，否则"历史趋势"不会呈现任何曲线，"实时趋势"的曲线也只能显示当前时刻开始的曲线，一旦发生窗口切换或关闭后重开便不再存在了。

3）组态报表

在建立报表组态之前，应当注意的是，如果需要在报表中显示数据的历史记录值，在进行报表组态前要检查数据库组态中的相关点参数是否连接了"历史连接"。

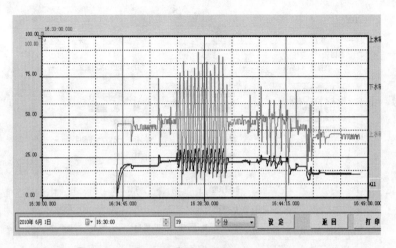

图 5.47 历史趋势监控曲线

在开发系统 Draw 下,建立"专家报表窗口",在窗口"工具箱"或"工程项目"中找到"组件"下的"专家报表",拖到开发窗口中,如图 5.48 所示。

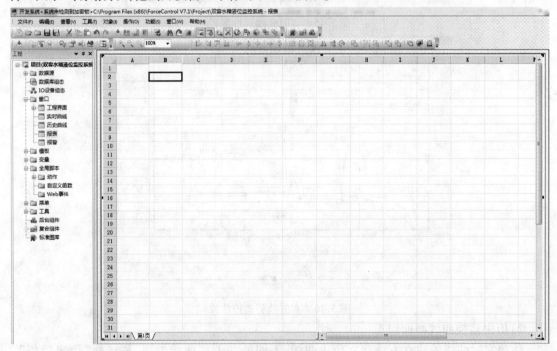

图 5.48 专家报表窗口

双击表格,弹出报表的"属性"设置对话框,选择建立"力控数据库报表向导",单击下一步,将"表格外观""报表制定""时间设置"基本属性依工程要求设置好,最后到"选择数据源变量"一步时,将要在报表中显示的数据变量添加进去并依数据的重要性给以排序,单击"完成"即设置成功,如图 5.49 所示。

组态完毕后并运行专家报表,如图 5.50 所示。该表中设有三个显示变量,为日报表,表中的"-999 9.00"表示无效数据,是系统默认值,可更改。

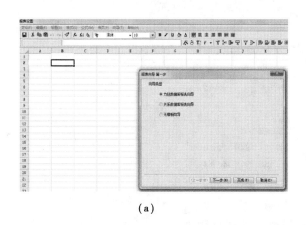
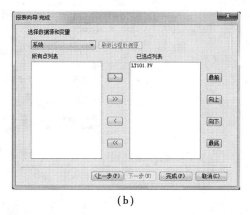

（a）   （b）

图 5.49 报表属性设置

图 5.50 专家报表

4）报警窗口的建立与设置

报警,也是监控组态软件的不可缺少的部分,利用报警功能可以显示现场出现的问题及故障,提示操作人员引起注意或进行检修。ForceControl 提供三种报警控件的组态方法,并且具有语音报警功能。这里以一例进行描述如下:

首先,要实现报警功能,必须将相关数据点参数在数据库组态时进行"报警参数设置",这一点前面已经提及,这里不再赘述;其次,在开发系统 Draw 中建立报警窗口,并在"工具箱"中找到"复合组件"的"报警"组件拖出,双击弹出属性配置对话框,将其配置完毕后,点击"确定"关闭,如图 5.51（a）所示,运行中的报警控件如图 5.51（b）所示。

(a)

(b)

图 5.51 报警控件配置及运行效果

(4)制作动画连接

1)水箱水位升降效果

水箱水位升降效果是通过设置数据库组态中的变量与图元的连接实现的。

将上一步数据库组态中建立的变量与实际的图元进行连接。如图 5.52 所示,双击"上水箱"与"下水箱"弹出"罐向导",点击表达式旁的"……",进入"变量选择"窗口,"选择"实时数据库中的"s_shui",完成之后回到"罐向导",点击"确定",完成数据库组态中的变量与图元的连接,如图 5.53 所示。

图 5.52　罐向导

图 5.53　变量选择

2）文本与随变量变化效果

将上一步数据库组态中建立的变量与文本框进行连接。双击工程界面中的"文本框"（如用来表示上水箱液位的"0"%，这里的"0"在动画连接之后，运行时会跟随所连接的变量发生改变）。如图 5.54 所示，弹出"动画连接-对象类型文本"窗口，在"数值输出"栏单击"模拟"，在弹出的"模拟值输出"窗口中，像上一步连接实时数据库变量一样，"选择"实时数据库中的"s_shui"，完成"文本框"与实时数据库变量的连接。

注：完成连接后该对象的"动画连接"窗口中"数值输出"栏"模拟"前会打钩，该方法同样适用于与其他类型变量进行连接。

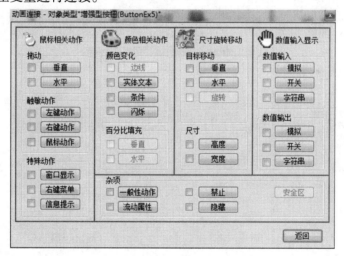

图 5.54　动画连接-对象类型文本

3）图元与变量连接

将工程界面中的图元以及文本框根据需求一一与"数据库组态"中的变量或自定义的其他变量进行连接。

4）按钮效果

将"导航栏"中的各个"增强型按钮"与对应的窗口进行连接。双击其中一个"增强型"按钮弹出"动画连接-对象类型增强型"窗口。在"特殊动作"栏单击"窗口显示"，弹出"界面浏览"窗口，如图 5.55 所示。

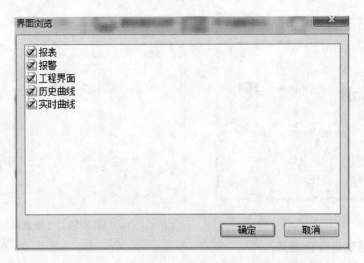

图 5.55　界面浏览

选择所对应的窗口,点击"确定",完成"增强型按钮"与对应的窗口的连接。

5)鼠标触敏动作效果

将"控制台"中"开始按钮"与"水泵开关"进行连接。双击增强型按钮"开始",弹出"动画连接-对象类型增强型按钮"窗口。在"触敏动作"栏,单击"左键动作",弹出"脚本编辑器"窗口,如图 5.56 所示。

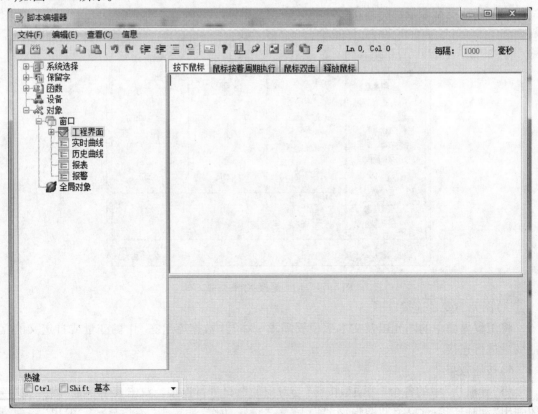

图 5.56　脚本编辑器

在"按下鼠标"这一栏中,输入以下脚本程序(仅供参考):

```
IF beng. PV = =0 THEN            //如果泵关闭则
#ButtonEx. TextXX = " 停止 ";    //按下"开始"后增强型按钮文本变为"停止"
                                 这里的"XX"表示具体的增强型按钮编号
 beng. PV =1;                    //按下"开始"后泵打开
ELSE
#ButtonEx. TextXX = " 开始 ";    //按下"停止"后增强型按钮文本变为"开始"

beng. PV =0;                     //按下"停止"后泵关闭
ENDIF
```

同理,若想通过按下增强型按钮"参数整定",使得"控制台"的"PID 参数"模块进行显示或隐藏,按照步骤5)的方法弹出"脚本编辑器"。在"按下鼠标"这一栏中,输入以下脚本程序(仅供参考):

```
IF k = =0 THEN              //将增强型按钮与定义初值为"0"的中间变量 k 连接
k =1;
#Text41. Show(1);          //显示,这里的"41"在实际操作时要改为对应的文本框
                            编号。
#Text42. Show(1);
#Text43. Show(1);
#ButtonEx5. Show(1);
ELSE
k =0;
#Text41. Show(0);          //隐藏
#Text42. Show(0);
#Text43. Show(0);
#ButtonEx5. Show(0);
ENDIF
```

至此便完成了本实验所有基本的动画连接步骤,若有兴趣的话,还可以根据个人喜好加入其他动画连接进行其他加工或润色。

(5)设计脚本动作

在设计脚本动作时应该注意以下三点:

①要明确整个流程的具体步骤。

②要明确有哪些所需初始化的各种变量。

③注意应该想好所设计的脚本类型(窗口动作脚本、应用程序脚本、数据改变脚本、按键动作脚本和条件动作脚本)。

按照系统方框图与创建的工程界面图自行设计脚本动作,完成对本次力控组态软件仿真工程的设计与调试。

(6)运行应用程序

完成以上所有步骤后,点击开发环境导航栏中的"文件",在其下拉菜单中找到并点击进入运行,运行程序。

(7)思考题

①ForceControl 7.1 中有哪几种变量? 它们的作用如何?

②什么是动画连接?

③脚本类型有哪些? 这些脚本程序在何时会执行?

④监控组态软件在投入运行后,操作人员在它的支持下可以完成哪些任务?

(8)实验报告要求

根据该实验的具体内容写出实验报告,其具体内容包括:实验目的、设计的力控仿真工程步骤、基本的画面流程图及实现的具体功能、变量定义及脚本程序清单。

5.4.3 工程图画面示例

(1)啤酒过程监控系统

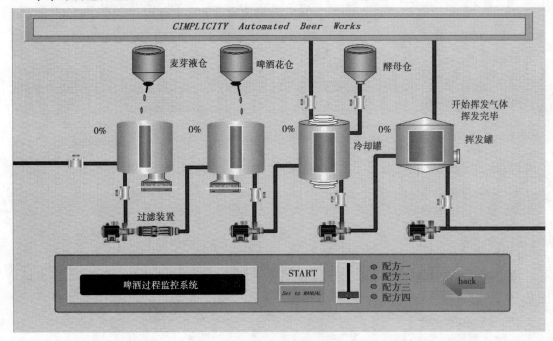

图 5.57 啤酒过程监控系统

(2) 调酒系统

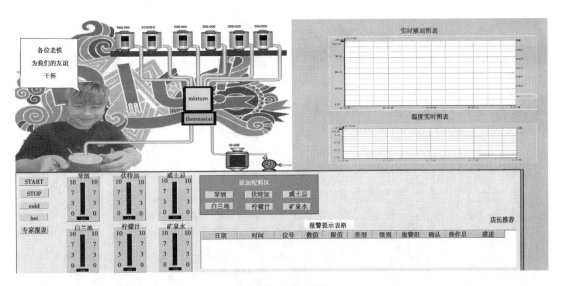

图 5.58　调酒系统

(3) 油库装卸系统

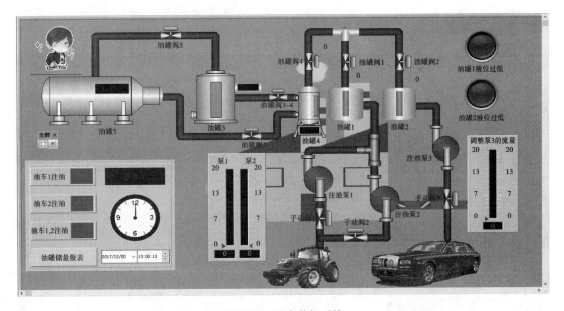

图 5.59　油库装卸系统

(4)热电厂上煤系统

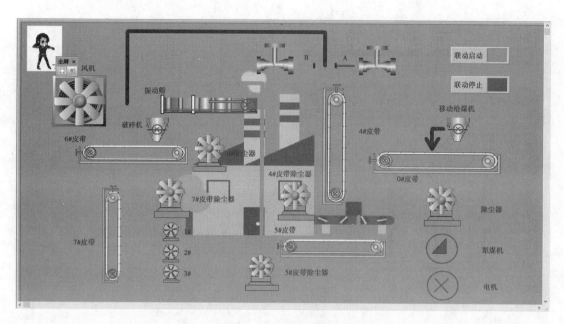

图 5.60　热电厂上煤系统

(5)咖啡配料系统

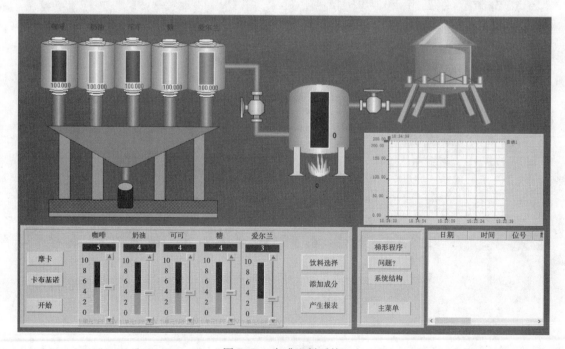

图 5.61　咖啡配料系统

(6)垃圾气化炉

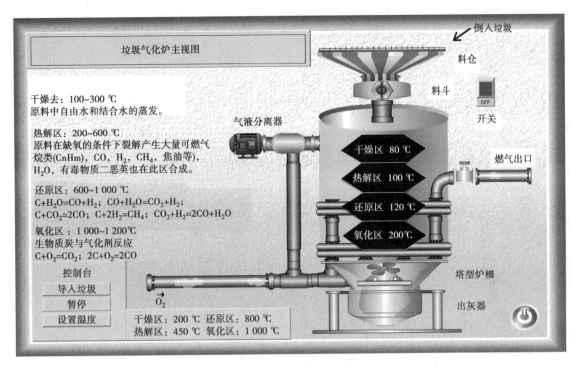

图 5.62　垃圾气化炉

附 录
电气控制实验报告

实验 1 低压电器元件与基本电气控制认知实验报告

试验时间_____ 同组人_____ 指导教师_____

一、讨论题

1.请解释点动、长动、互锁、自锁,并比较图 1.1 和图 1.2 在结构和功能上有什么区别?

2.图 1.3 中各个电器如 Q_1、FU_1、FU_2、FU_3、FU_4、KM_1、FR、SB_1、SB_2、SB_3 各起什么作用? 已经使用了熔断器为何还要使用热继电器? 已经有了开关 Q_1 为何还要使用接触器 KM_1?

3.图 1.2 电路能否对电动机实现过流、短路、欠压和失压保护?

二、实验小结

实验 2　异步电动机的正反转控制实验报告

试验时间_____　同组人_____　指导教师_____

一、讨论题

1. 图 1.4、图 1.5 虽然也能实现电动机正反转直接控制,但容易产生什么故障,为什么? 图 1.6 比图 1.4 和图 1.5 有什么优点?

2. 接触器和按钮的联锁触点在继电接触控制中起到什么作用?

二、实验小结

实验 3　异步电动机星-三角降压启动控制实验报告

试验时间_____　同组人_____　指导教师_____

一、讨论题

1. 时间继电器在图 1.8、图 1.9 中的作用是什么?

2. 图 1.9 中时间继电器控制串电阻降压启动控制与星-三角(Y-△)降压启动比较有什么特点?

3. 采用 Y-△降压启动的方法时对电动机有何要求?

4. 降压启动的自动控制与手动控制线路比较,有哪些优点?

二、实验小结

实验 4　异步电动机多点启动、停止控制实验报告

试验时间_____ 同组人_____ 指导教师_____

一、讨论题

1. 什么是两地控制？两地控制有何特点？

2. 两地控制的接线原则是什么？

3. 设计两点控制与两台电动机顺序控制的主电路图与控制电路图。

二、实验小结

实验 5　三相异步电动机能耗制动及反接实验报告

试验时间＿＿＿＿＿＿＿＿　同组人＿＿＿＿＿＿＿＿　指导教师＿＿＿＿＿＿＿＿

一、讨论题

1. 时间继电器的延时长短对能耗制动效果有什么影响?

2. 反接制动的工作原理是什么? 时间继电器在反接制动中起到什么作用?

3. 描述速度继电器工作原理。其在反接能耗制动中起到什么作用?

二、实验小结

实验6　三相异步电动机顺序控制实验报告

试验时间＿＿＿＿＿＿＿　同组人＿＿＿＿＿＿＿　指导教师＿＿＿＿＿＿＿

一、讨论题

1. 互锁电路、自锁电路、联锁电路在两台电动机顺序控制有什么作用？

2. 控制要求 M_1、M_2 顺序启动，启动间隔时间 3 s，停止时，同时停止。M_1、M_2 顺序启动时为什么要有联锁控制？

3. 控制要求 M_1、M_2 顺序启动，启动间隔时间 3 s，停止时，逆序停止，停止间隔时间 5 s。M_1、M_2 顺序启动逆序停止时为什么要有联锁控制？

二、实验小结

①若要求启动时先 M_1 后 M_2，停止时先 M_1 后 M_2，设计控制电路。

②分析控制电路工作原理与故障。

说明图 1.13 中各个电器如 Q、FU、KM_1、FR、SB_1、SB_2、SB_3 各起什么作用？已经使用了熔断器为何还要使用热继电器？已经有了开关 Q 为何还要使用接触器 KM_1？

实验 7 工作台往返自动控制实验报告

试验时间＿＿＿＿＿＿＿＿ 同组人＿＿＿＿＿＿＿＿ 指导教师＿＿＿＿＿＿＿＿

一、讨论题

1. 图 1.15 中 SQ_1 和 SQ_2 是什么电器？在往返自动控制中有什么作用？

2. 自锁电路、互锁电路在电动机往返自动控制中有什么作用？

3. 要求增加时间控制，当挡块压下行程开关 2 s 后，再往返自动运行，设计其控制电路图。

二、实验小结

参考文献

［1］王阿根.电气可编程控制原理与应用(S7-200PLC)［M］.北京:电子工业出版社,2013.

［2］郭丙君.电气可编程控制器综合应用实训［M］.北京:中国电力出版社,2016.